KB253598

여자, 여행을
스타일링하다

여자, 여행을 스타일링하다

살림Life

허구한 날 책상 감옥에 갇혀 스트레스 수갑을 차고 지낸 당신. 마치 사형수처럼 하루하루를 살아오지는 않았는지? 항상 마음에 품고 다니던 사표봉투는 언제나 비굴 모드로 돌아서는 내 안의 '나' 때문에 꼬깃꼬깃해진 지 오래다. 계절이 여러 번 바뀌어도 어제가 오늘 같고 오늘이 어제 같고 내일도 오늘 같고……. 그렇게 둔해진 육신을 이끌고 집으로 돌아가던 어느 늦은 밤, 열린 버스 창문으로 들어오는 후끈한 바람 조각에 모든 것이 뒤집어졌다. 일탈. 그것은 한 조각 바람에서 시작되었다. 다음 날 무작정 휴가를 선언하고 늘 꿈꾸던 일탈을 감행하자. 일탈은 '여행'이라는 최고의 선물로 시작된다.　●　당신의 여행도 이와 다르지 않다. 여름휴가, 정해진 날짜만큼 받아들고 남들이 많이 가거나 최근 떠오르는 도시를 목적지로 쿡 찍고 인터넷에 도는 숱한 정보 몇 장 출력해서 디지털카메라 들고 다녀오면 끝! 그 대신 여행을 마치고 집으로 돌아가는 발걸음은 물먹은 솜처럼 무겁다. 규칙적인 일상을 벗어나 색다른 공간에서 짜릿한 시간을 보내고 왔건만 이 무슨 꼴인가. 하지만

또 다른
나와의 조우,
나 홀로
여행

별 수 있나! 다음 달 날아올 카드청구서가 벌써부터 뒤통수를 후려치니 또 꾸역꾸역 책상 감옥에 들어가 앉는 수밖에.　●　이제 일탈을 허망하게 낭비하지 마라. 어렵게 얻은 귀한 시간, 일분일초라도 값지게 쓰려면 '프리미엄 여행'으로 떠나라. 여기서 프리미엄은 값비싼 크루즈여행이나 선택받은 자들이 누린다는 럭셔리 투어가 절대 아니다. 현재 나에게 가장 필요한 여행, 즉 제대로 투자하고 최고로 즐기되 긴 여운을 남기는 색다른 여행을 의미한다. 여행의 목적, 여행에서 얻는 효과, 여행으로 맛보는 쾌감, 이 모든 것을 완벽하게 조화해서 몇 가지 유형으로 나누어 디테일하게 제안하려 한다. 입맛대로, 취향대로 골라 먹는 재미를 누려보기를.　●　느닷없이 찾아드는 바람 한 조각에서 일탈을 꿈꾼다면 이제 막장 여행, 따라쟁이 여행, 무작정 여행은 삭제하고 '프리미엄 여행'으로 라이프스타일을 업그레이드하라. 차원이 다른 프리미엄 스타일 여행을 마치고 일상과 만났을 때, 여행 후유증 대신 즐거운 마음으로 그동안 잊고 살던 자신과 조우하며 당당하게 악수하고 포옹하게 될 것이다. 다음 일탈을 꿈꾸면서……

★ CONTENTS ★

그녀들의 가장 뜨거운 여행여락 旅行女樂

365일 연중무휴로 우리를 한시도 가만 두지 않는 자유에의 갈망. 나는 이를 역마살이라고 부른다. 여행은 여차 하면 떠나고 싶고, 틈만 나면 일상에서 어떻게든 벗어나고 싶은 우리들의 욕망이다. 특히 '나 홀로 떠나는 여행'은 자신의 정체성을 온몸으로 실감하는 일이다. • 불행하게도 우리는 이 뜨겁게 들끓는 '욕망', 역마살을 숨 막히는 패키지 여행이나 여행사의 틀에 박힌 상품에서 고르는 밋밋한 자유여행으로 대신한다.

나이는 먹어도 늙지는 말자

스타 한 명의 완벽한 스타일링을 위해 메이크업, 헤어 디자이너, 코디네이터 등 숱한 손길이 거쳐 가듯, 당신의 고결한 역마살 또한 핏이 제대로 사는 청바지를 입은 것처럼 자신에게 맞는 제대로 된 스타일링된 여행으로 새롭게 리뉴얼할 때다. • 『여자, 여행을 스타일링하다』는 '나 홀로 여행족'을 위한 100% 여행코치가 되어, 당신에게 꼭 맞는 여행을 디자인해 줄 것이다. • 자, 하루에도 몇 십번씩 바뀌는 당신의 역마살을 수시로 체크하여, 여행코치의 프리미엄 여행제안에 귀기울이자. 여행 스타일링으로 말랑말랑하게 스타일링된 당신의 인생 또한 즐거워질 것이다.

2008년 11월.　　　가방을 꾸리며.　　　정윤희 쓰다.

detox
trip

PART 01.   디톡스 트립
디톡스 Detox 는 detoxification 에서 유래. 휴양지와 리조트 등의 친환경 여행.

PEARL ★ FA

RM RESORT

천혜의 Refresh 파라다이스, 필리핀 펄팜리조트　　남국의 섬을 빼놓고는 디톡스 트립을 논할 수 없을 터. ★ 리조트 휴양지는 우리 몸에 쌓인 사악한 독소를 남김없이 제거한다. ★ 게다가 리조트에서 한 큐에 먹고 자고 쉬기까지 할 수 있으니 편리하고 합리적인 여행이 될 것이다. ★ 필리핀의 수많은 섬 가운데 다바오의 사말 섬에 있는 펄팜리조트는 자연을 그대로 살린 곳으로, 단독형 빌라와 수상 방갈로에서 태초의 자연인으로 돌아갈 수 있다.

1. 숲으로 완벽하게 둘러싸여 한 폭의 그림 같은 빌라. 그저 숨 쉬는 것만으로도 온몸이 청정해진다. **2+3.** 직원에게 요청하면 3분 거리인 무인도까지 총알처럼 빨리 갈 수 있다. 파라솔 아래에서 파도소리 벗 삼아 책을 읽고 가슴까지 상쾌해지는 바람을 맞으며 달콤한 낮잠을 자고 나면 직원이 다시 숲 속 집으로 모셔다준다. **4.** 메인 로비에서 바라보는 한 폭의 그림 같은 황홀한 바다는 뒤틀리고 독해진 머리와 마음을 절로 맑게 해준다. 디톡스, 그것은 정녕 자연이 우리에게 주는 치료법이다. **5+6.** 끼니때마다 자전거로 꼬불꼬불 오솔길을 지나 수영장 옆에 차려진 뷔페를 즐기니 신선이

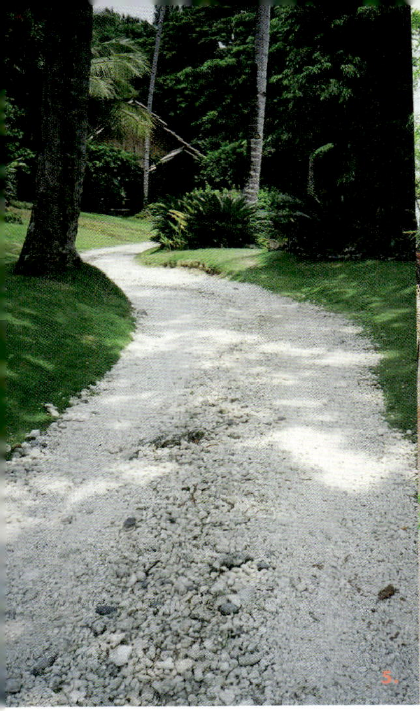

따로 없다. 주위는 온통 까맣고 하늘에서 쏟아지는 별만이 빛을 밝혀줄 뿐이다. 아, 살맛난다. **7+8.**
심심하면 열대어와 뛰어노는 스노클링으로 기분을 '업'해보자! 해양 레포츠는 공짜니 하고 싶
을 때 직원에게 사인만 보내면 오케이. 투명한 물속에서 형형색색 열대어와 대화하고 나면
해탈의 경지에 이를 것이다! **9.** 한낮에는 해변 벤치에 누워 책을 읽거나 태닝을 하며 낮
잠을 자도 좋고, 곳곳에 마련된 풀에서 수영을 즐겨도 좋다.

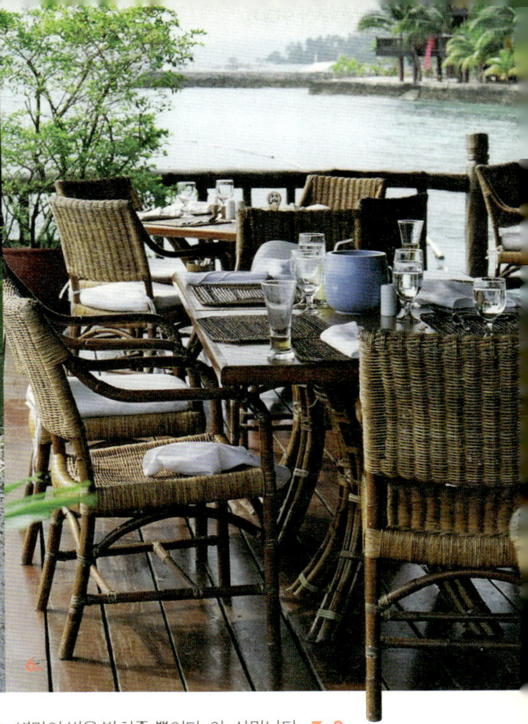

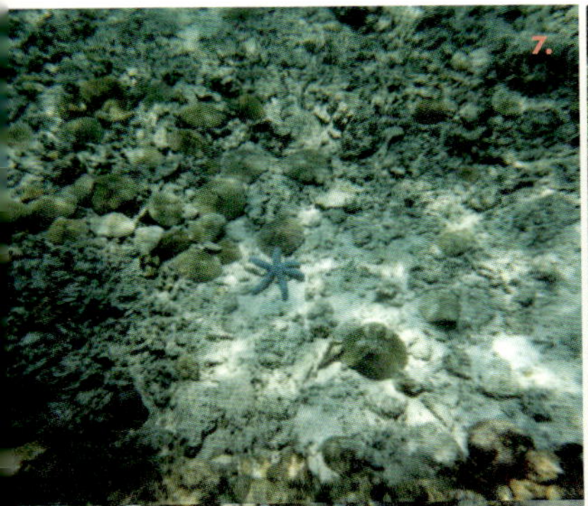

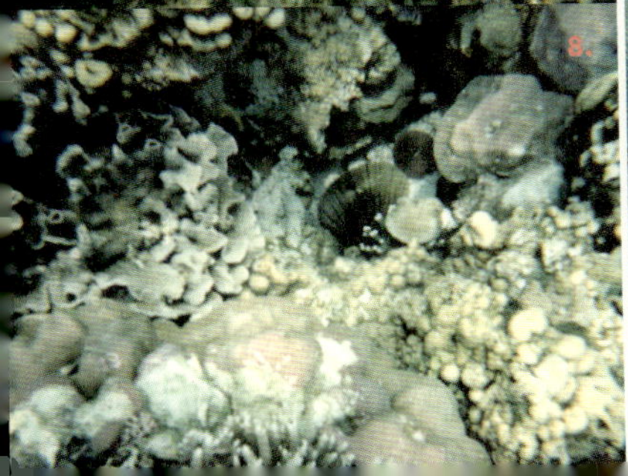

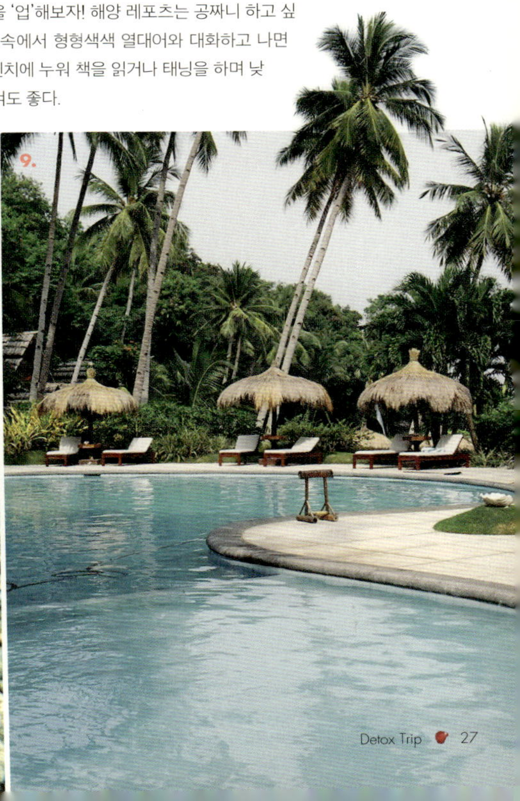

대자연의 초록 서사시, 전남 보성 녹차밭 & 담양 죽녹원　웰빙의 대명사인 녹차는 국민음료로 자리 잡은 지 오래다.　★　마시는 것만으론 부족한 웰빙족들은 녹차 가루를 온갖 음식에 넣어 먹는 것은 물론이요, 말린 찻잎을 활용해 팩을 하거나 족욕을 하니 버릴 것이 하나도 없고 항암효과는 물론 각종 성인병과 다이어트에도 효과가 좋다.　★　요즘 맞수로 등장한 위풍당당한 녀석은 바로 죽엽차!　★　댓잎으로 만든 죽엽차는 혈액순환에 좋고 머리가 맑아진다고 하니 디톡스에 더없이 좋은 음료다.　★　맛 또한 구수해서 차를 처음 접하는 이들도 쉽게 즐길 수 있다.　★　차밭과 대나무 숲 여행은 디톡스 트립 넘버 원!

GREEN TEA

보성차밭 ▶ 전남 보성군 보성읍 회천면 활성산 일대
주변 볼거리 ▶ 율포해수욕장, 선소마을(갯벌체험), 보림

1. 대한민국 대표 차밭이 있는 보성은 디톡스 여행 필수 코스. 신이 점지해준 보성 방문 적기는 안개가 뿌옇게 오르는 이른 새벽과 비오는 날이란다. **2.** 차밭의 진수를 볼 수 있을 뿐 아니라 진정한 그린 컬러의 색감으로 눈도 즐겁고 마음까지 그윽해진다. **3.** 차밭 꼭대기에 서서 바라보는 찻잎 파도는 특히 장관이다. 오르세미술관의 진품 갤러리와 견주어도 손색없는 보성 차밭을 앞에 두면 두 손 모아 경의를 표할 것!

담양 죽녹원 ▶ 전남 담양군 담양읍 향교리
주변 볼거리 ▶ 메타세쿼이아길, 관방제림
3.

3. 담양은 지역특산물이 대나무인 만큼 유명한 죽림이 많다. 그중에서도 비교적 덜 알려져 한적한 죽녹원은 한 번으로도 디톡스가 충분히 가능할 만큼 울창하다. **4.** 빼곡하게 들어찬 대나무 길을 따라 걷다보면 등이 서늘해질 정도로 시원하고 코끝이 찡해진다. **5.** 누가 대나무를 곧은 절개에 비유했던가. 영화 〈와호장룡〉에서 두 무림고수가 끝없이 울창하게 펼쳐진 죽림에서 춤추듯, 이 나무에서 저 나무로 날아다니는 모양새가 유연하기로 따지면 대나무만 한 것도 없다. 곧고 강직하지만 때에 따라 유연하게 휠 줄 아는 것이 대나무만의 특별함이다.

취 사 구 역
구역 : 야영(데크)장 주변(10m이내)
사도구 : 휴대용 가스버너사용(숯, 번개탄 등 사용
부사항 : 1. 산불조심
2. 음식물을 버리지 맙시다.
3. 쓰레기는 되가져 갑시다.
법규 : 산림법제100조의2제1항 및
동법시행규칙제103조 제3항 규정에
연락처 : 591-0681, 592-0681
축령산정상
(2.8Km)
남이바위
(2.0Km)
수리바위
(1.1Km)
어린이놀이시설
(0.2Km)
야외교실
(0.2Km)

산림이 선사하는 녹색샤워, 피톤치드 들어는 봤나, 피톤치드 샤워! ★ 피톤치드는 식물이 해충이나 곰팡이에 대항하여 내뿜는 물질로, 살균작용이 있어 스트레스를 해소해주거나 장과 심폐기능을 좋게 해준다. ★ 나무가 우거진 숲 속에서 즐기는 삼림욕이 바로 피톤치드 샤워다. ★ 하루 종일 빌딩 안에 갇혀 있는 공기로 호흡하다 가끔 보너스로 등장하는 스모그와 황사에 병들어가는 당신의 몸은 울창한 숲에서 맑은 공기로 해독해야 할 필요가 있다. ★ 과음한 다음 날 속을 풀어주듯 피톤치드로 해장하자. ★ 어디에서? 전국 방방곡곡 산 좋고 물 맑은 휴양림에서!

1. 전국 곳곳의 자연휴양림에는 숙박시설이 있으므로 예약하는 센스를 발휘해보자. 극립자연휴양림관리소 홈페이지(http://www.huyang.go.kr)에서 정보도 얻고 편리한 예약 시스템도 활용해보자. **2.** 사방에 초록이 펼쳐진 휴양림에서 조용히 지내면서 틈틈이 산책하는 것도 좋은 디톡스 방법이다. 간간이 만나는 계곡에 발을 담그고 놀 수도 있다. **3.** 경고! 다람쥐와 청설모를 만나도 놀라지 말 것. 빤히 바라보며 맞장 뜨거든 한껏 웃어주시오. 엔도르핀이 팍팍 솟으니. **4.** 아무리 요리에 젬병일지라도 밥은 지을 수 있을 터. 내가 나에게 주는 정성스러운 한 끼 식사를 차려보는 것도 색다른 경험이 된다. 더없이 평화롭고 멋진 자연풍광을 마주 한다면, 하얀 쌀밥에 고추장만 있어도 왕후의 밥상이 부럽지 않을 것이다.

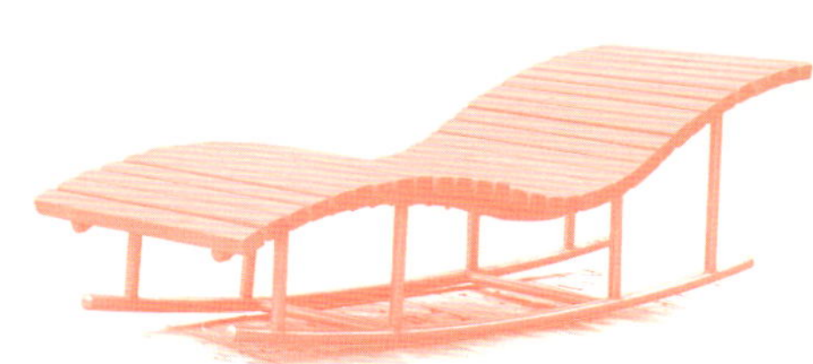

HANTAEK
BOTANICAL
GARDEN
SINCE
1979

꽃의 무지갯빛 축제, 용인 한택식물원   도시 중의 도시 뉴욕의 도심에 떡하니 자리 잡은 어마어마한 식물원 보태니컬 가든 Botanical Garden 을 본 여행자들은 적잖이 충격을 받는다.   ★   그리고 그 신선한 충격은 좀처럼 가시지 않는다.   ★   정글을 연상케 하는 우거진 숲 속을 걸어도 걸어도 끝이 없으니, 몸과 마음이 절로 상쾌해진다.   ★   국내에도 식물원다운 식물원이 나타났으니 경기도 용인의 한택식물원이 바로 그곳이다.   ★   작은 건물로 들어가 한 바퀴 돌면 끝나는 허무한 식물원과 달리 한택식물원은 6만 6,100제곱미터에 9,000여 종의 식물이 서식하는 녹색지대로 35개의 테마원이 있다.   ★   또 계절별로 고루 갖춰진 꽃과 식물 덕에 사계절 내내 자연을 즐길 수 있다.   ★   매주 관람하기 좋은 포인트 정보를 온라인으로 확인할 수 있으니 계획을 세워 코스를 미리 짤 수 있다.   ★   어디를 봐도 초록이 가득한 식물원을 거닐다보면 가슴이 상쾌해지고 머리까지 맑아진다.   ★   시원한 나무 그늘에서 쉬기도 하면서 한꺼번에 보려 하기보다는 쉬엄쉬엄 여유로움과 느긋함을 즐긴다면 휴식 이상의 휴식을 제대로 만끽할 수 있을 것이다.

관람시간 ▶ 09:00~일몰시까지(연중무휴)
용인 한택식물원 ▶ 경기도 용인시 처인구 백암면

HANTAEK
BOTANICAL
GARDEN

1. 무리 지어 피는 꽃마다 이름과 종을 써두어 식물에 문외한이더라도 들꽃과 풀이름을 배울 절호의 기회가 된다. **2.** 나무가 우거진 오솔길을 걸으면 온갖 스트레스와 독소가 술술 녹아내릴 것이다. **3.** 만성피로증후군에는 식물원이 안성맞춤 처방전이다. 틈날 때마다 온갖 꽃이 가득한 식물원에서 제대로 된 쉼을 즐기자. 돗자리, 도시락, 삼각대는 필요 없다. 안내도 한 장, 작은 카메라, 생수 한 병만 있다면 오리지널 디톡스 트립을 즐길 수 있다.

개장시간 ▶ 09:00~21:00 위치 ▶ 충남 예산군 덕산면 사동리(서해안고속도로 해미 IC)

워터파크에서 즐기는 액티브 스파, 덕산 스파캐슬 웰빙 추세에 따라 온천과 수영을 한꺼번에 즐길 수 있는 사계절 워터 테마파크가 점점 늘어나고 있다. ★ 산 좋고 물 맑은 우리 산천. 그중에서도 충남 예산의 덕산 스파캐슬은 수영과 물놀이, 선탠, 뜨끈한 온천욕까지 한꺼번에 즐길 수 있는 휴양지다. ★ 특히 600여 년 역사를 자랑하는 덕산온천수를 다양하게 즐길 수 있는 스파 리조트는 디톡스 트립의 최고봉이 아닐까? ★ 놀다 지치면 객실에서 달콤한 낮잠을 자거나 맛난 음식을 만들어 먹을 수 있으니 일석삼조. ★ 최근 바이탈 테라피 센터를 새로 열고 세계 각국의 트리트먼트 프로그램을 다양하게 구비하여 여러 테라피를 체험할 수 있다. ★ 순식간에 몸과 마음이 상쾌해지고 싶으면, 멀리 갈 필요 없이 충남 예산으로 떠나보자.

1. 객실에 구비된 취사시설을 이용해 음식을 만드는 것도 스파캐슬의 색다른 즐거움이니 가볍게 장을 봐가는 센스를 발휘해보자. **2.** 물살을 이용해 마사지하는 바데풀은 인기 최고다. 사계절 내내 즐길 수 있는 덕산 스파캐슬의 천천향 스파는 뭉친 어깨나 다리근육은 물론 전신 피로를 푸는 데 효과만점이다.

2.

3. 워터파크에서 튜브에 몸을 싣고 워터레이 유수풀을 둥둥 떠다니면 신선놀음이 따로 없다. 파도가 몰려온다는 사이렌 소리가 들리면 거친 물살을 헤치며 파도타기 한판! **4.** 정종탕, 녹차탕, 허브탕 등 테라피 스파는 이름만 들어도 온몸이 나른하다. 적당히 뜨거운 온천에서 독소를 빼고 나면 맑은 영혼을 지닌 깨끗한 육체로 다시 태어날 것이다. **5.** 노천온천 재즈탕, 가야금탕, 클래식탕에서 테마별로 즐기는 스파도 색다른 맛을 느끼게 해준다.

특명! 스트레스로 쌓인 일독을 한방에 날려버리자!

지난날 왕의 밥상에서 주인공은 차진 밥에 고깃국도 아니요, 영양이 고루 들어 있는 수십 가지 요리도 아닌 바로 은수저였다. 혹 왕을 음해하려는 세력이 음식에 독을 넣었을 경우, 독이 닿으면 은수저의 색이 변하기 때문에 은수저야말로 밥상의 파수꾼이었다. ● 옛날에는 기껏해야 음식으로 우리 몸에 독이 전해졌지만, 오늘날에는 상상도 할 수 없을 만큼 다양한 경로로 듣도 보도 못한 독이 우리 몸에 들어와 쌓인다.

우리 몸은 이미 온갖 독으로 가득 차 있다. 번식력이 엄청난 스트레스 바이러스가 초 단위로 진화해 우리 몸을 공격하니 그럴 법도 하다. ● 직장에서도 일만 열심히 하면 만사형통일 듯하지만, 동료들과 경쟁하랴, 상사 눈치 보랴, 치고 올라오는 잘난 후배들 때문에 열등감 느끼랴, 당장 한 끼 때울 메뉴를 결정하는 데도 적잖이 스트레스를 받다보니 현대인은 울며 겨자 먹기로 스트레스와 친구해야 할 판이다. 어쩌면 스트레스를 피하려고 바동거리는 순간조차 스트레스를 받을 터. 아, 그나저나 이렇게 글을 쓰자니 또 스트레스가 쌓인다. ● 요즘 많은 이들이 투자를 아끼지 않고 부지런히 '웰빙'을 좇는 것도 바로 이런 이유에서다. 잘 먹고 잘살자고 자연친화적인 것을 향유하고, 몸에 좋은 유기농 음식을 섭취하고, 적당한 운동으로 몸을 단련하고, 요가와 명상으로 정신까지 치료하려는 것도 스트레스에서 해방되고, 온몸에 쌓인 독을 풀어내기 위해서이다.

그보다 더욱 앞서가는 사람들은 디톡스로 한 단계 더 진화하고 있다. 디톡스는 해독을 의미하는데, 우리 몸 구석구석에 쌓인 유해 독소를 밖으로 빼내는 것을 일컫는다. 게다가 수술대에 누워 치료받거나 지독한 약물을 몸에 넣어 독을 희석하는 것이 아니라, 자연스럽게 빼내는 것인 만큼 현대인이라면 디톡스에 주목해야 한다. ● 디톡스를 실천하는 데는 규칙적인 생활을 철저히 하고, 건강식품으로 입을 즐겁게 하며, 잠을 충분히 자서 마음을 편안하게 유지하는 등 소소한 생활습관을 바꿔나가

는 방법이 있다. ● 그중에서도 무엇보다 확실한 효과를 볼 뿐 아니라 열이면 열 모두 대환영할 만한 '디톡스 트립'이 있다! 대부분 휴休를 목적으로 떠나지만 여행하는 동안 평소 꿈꾸던 것을 하려는 마음이 앞서는지라 짧고 굵게 여행하려는 경향이 있다. 촉박한 날짜에 무리한 일정, 언제 또 나가겠냐며 인터넷을 초토화하여 건져 올린 방대한 정보를 총동원하니, 여행을 다녀온 건지 극기훈련을 하고 온 건지 구분이 되지 않을 정도다. 게다가 쉬자고 다녀온 여행에서 상당한 양의 독을 쌓아오니 아니 간만 못하다.

디톡스 트립이라면 이런 부작용이 전혀 없다. 디톡스 트립에서는 아무것도 하지 않고 편안하게 뒹굴뒹굴하며 시간을 보내기 때문에 말 그대로 본능에 충실한 여행이 된다. 먹고 싶을 때 먹고, 자고 싶을 때 자고, 탁 트인 자연에서 멍하니 아무 생각 없이 지내고, 지루해지면 소소한 이벤트 거리로 놀면 그만이다. ● 어우, 말만 들어도 벌써 온몸의 독소가 쫙 빠져나가는 느낌이 든다.

디톡스 트립의 조건은 간단하다. 준비물을 최소한만 꾸려 짐을 가볍게 싼다. 평소 읽고 싶었던 책을 여행기간에 맞춰 몇 권 챙긴다. 가방을 싸면서도 목록을 작성하고 가져갈지 말지 고민하면 이 또한 스트레스니 이 과정도 생략하자. ● 명심할 것 한 가지! 노트북과 휴대전화는 놔두고 가야 한다. 생각 없이 선택한 로밍 폰은 최고의 방해꾼이 되어 독을 뿜을 것이고, 노트북으로 체크하는 이메일 또한 발목을 잡을 것이다. 디톡스가 목적이라면 노트북과 휴대전화는 가져가지 말자. ● 장소는 최대한 자연이 그대로 살아 숨쉬는 곳으로 정한다. 리조트 스타일의 휴양지라면 쪽빛 바다를 배경삼아 더할 나위 없는 럭셔리급 휴식을 즐기니 좋고, 인적 드문 민박집이나 휴양림 산장이라면 책을 읽다가 늘어지게 낮잠을 즐기거나, 커피나 녹차로 신선놀음하기 안성맞춤이다. 욕심 내어 인기 리조트를 택했다가 낭패 볼 수도 있으니 숨어 있는 보물 찾듯 잘 골라보자.

이렇게 놀멘놀멘으로 일관한 여행을 하다보면 몸이 개운해질 것이다. 여행의 끝자락에는 말끔하게 비워진 몸이 빡빡한 일상을 그리워하며 또다시 열심히 뛰고 싶은 본능을 자극할 게 틀림없다.

이렇게 놀멘놀멘으로 일관한 여행을 하다보면 몸이 개운해질 것이다. 여행의 끝자락에는 말끔하게 비워진 몸이 빡빡한 일상을 그리워하며 또다시 열심히 뛰고 싶은 본능을 자극할 게 틀림없다. 몸은 100퍼센트 해독되어 열정과 패기로 충전되었을 테니까. ● 일상이 팽팽하게 당겨진 고무줄 같다면, 빵빵하게 부풀어오른 풍선이라면(생각만 해도 말초신경이 바짝 곤두선다) 디톡스 트립으로 한번 브레이크를 걸자. 단단하게 굳은 근육이 말랑말랑 풀어지고, 날카롭고 예민하던 신경이 느슨해지며 쾌속 질주를 위한 최상의 컨디션으로 돌아올 것이다.

★ 이런 분들, 디톡스트립을 강추합니다!!! ★

야근을 밥먹듯 하지만 뚜렷한 성과가 없어 **좌절모드**인 사람　**까칠백단**으로 선인장, 고슴도치라고 불리는 사람　'피로야 가라!'를 외치고 싶을 만큼 **만성피로를 호소**하는 사람　**변비, 피부트러블, 편두통 등**으로 다크서클이 무릎까지 내려온 사람　혼자 구시렁거리는 자신을 보며 '내가 미쳤나' 하고 **생각**한 사람

TRIP  PARTNER

완벽한 휴식을 위한 믿음직한 동반자, 디톡스 트립 파트너!

**물을 마시자,
물을 뿌리자!**

생수 & 워터스프레이　나를 물로 보지 말라고? 아니 물로 봐도 된다. 우리 몸은 70퍼센트가 수분으로 이루어져 있다. 수분이 조금만 부족해도 몸의 균형이 깨지기 쉬우니 늘 생수를 가지고 다니면서 틈틈이 마시고, 건조한 얼굴이나 팔에도 수시로 뿌려 피부를 촉촉하게 하자.

**워워워~~
릴랙스!**

아로마용품　아무리 릴랙스하자고 외쳐도 오래도록 긴장했던 근육이 풀리기는 쉽지 않다. 이때 테라피 효과를 크게 볼 수 있는 휴대용 아로마 오일, 작고 가벼운 셀프 마사지 도구, 미니 초, 여행용 보디 제품으로 현실적인 릴랙스를 유도해보자. 귀 뒤쪽, 정수리, 목덜미에 살짝 발라보자. 입욕할 때 사용할 보디 제품과 더불어 뭉친 근육을 꾹꾹 눌러주는 셀프 도구는 애인보다 반가울 것이다.

**언제 어디서든
우아하게 즐기는
나만의 티타임**

휴대용 티포트　여행 중 대부분은 녹차 티백으로 대신하게 마련이다. 하지만 오리지널 팬이라면 언제 어디서나 티타임을 제대로 즐기자. 여행용 티포트는 여행길에서도, 숙소에서도 간편하게 사용할 수 있다. 디톡스 음료의 킹왕짱, '티'는 움직이는 거야!

**노메이크업도
자신 있어!**

선글라스 & 검은 뿔테 안경　몸은 천 냥, 눈은 구백 냥이라고 했던가! 하루 종일 여행지에서 햇빛에 노출되면 각막손상뿐 아니라 각종 안질환이 생길 수 있으므로 반드시 챙기자. 콘택트렌즈를 사용하는 사람도 요새 유행하는 스타일리시한 굵은 검은 뿔테 안경 하나쯤 준비해 가는 것은 어떨까? 실내에서는 머리띠처럼 올리고, 실외에서는 강렬한 태양을 막는 폼생폼사들의 필수품이다.

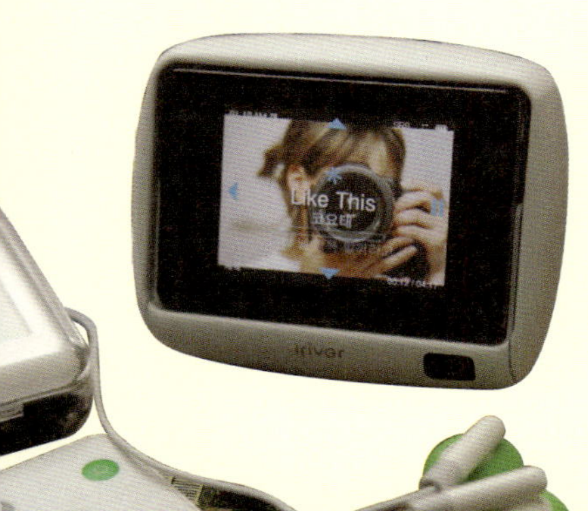

**나 홀로 여행자의
필수품!**

MP3 플레이어　평소 가방 속에서 굳건하게 자리를 지키고 있는 뮤직 플레이어는 여행자들의 필수 파트너다. 자연 속에서 자연이 만들어내는 소리를 즐기는 것도 좋지만, 가야금이나 해금 연주곡은 해독되는 순간 붐업효과를 낼 것이고, 중독성 있는 몽환, 판타지풍 음악은 새로운 에너지를 듬뿍 불어넣어줄 것이다.

Biz Niche
trip
TAXI
city
P
4007

PART **02.** | 비즈 니치 트립

Biz Niche Trip : 니치는 '틈새'
를 뜻함. 일하는 짬짬이 여유와
휴식을 찾아 떠나는 여행

 쉴 새 없이 뜨고 내리는 분주한 비행기, 현지어와 영어가 번갈아 나오는 안내방송, 큼지막한 가방과 슈트케이스를 끌고 다니는 수많은 사람들은 공항 특유의 분위기를 상징한다. ★ 공항은 외국 여행을 다니다보면 시간을 가장 많이 보내는 곳이기도 하다. ★ 게다가 경유지까지 거치게 되면 공항은 그야말로 또 다른 여행지다. ★ 이때 공항을 즐기는 대상으로 삼아 놀 거리를 찾아보면, 최고의 여행을 저렴하게 맛볼 수 있다. ★ 공항은 나라마다 관문 역할을 하기에 그 도시의 분위기를 먼저 파악할 수 있고, 쇼핑몰을 비롯한 부대시설이 있어 즐길 거리가 차고 넘친다. ★ 카페테리아와 레스토랑이 있어 그 나라의 음식을 먹을 수 있으니, 지루해하며 기다리지만 말고 구석구석 살펴 비즈 트립의 색다른 매력을 만들어보자. 공항은 넓고 할 일은 많다!

AIR PORT

★ ★

TO UR ___

GM DA
Shower rooms
& Day rooms
Terminal 1
Immigration & Health
CLARINS MEN
SK-II

1. **인천국제공항** 2001년 개항한 인천국제공항은 월드베스트공항에 선정될 만큼 우수한 공항이다. 자동차와 가전제품 등도 전시하고 있으니 구경삼아 다녀보자. 2. **나리타국제공항** 장시간 비행으로 피곤하면 상쾌한 샤워 한판! 급한 메일 체크도 인터넷으로 오케이! 3. **싱가포르 창이공항** 세계 최고 시스템을 운영하여 최단시간에 짐을 찾을 수 있고 쾌적하다. 4. 공항에서 판매하는 그 나라 특산품이나 유명제품을 구입해 가족이나 친구들에게 선물하자. 5+6. **시카고 오헤어공항** 전 세계인과 눈인사는 물론 인형만큼 예쁜 아이들과 미소를 나누다보면 마음까지 훈훈해진다. 7+8. **간사이국제공항** 탑승구를 찾아가기 위해 모노레일을 타고 이동할 만큼 규모가 큰 공항도 많다. 9. **홍콩국제공항** 활주로처럼 길게 뻗은 공항역사. 일찌감치 보딩하고 공항을 구경하는 재미도 쏠쏠하다. 10+11. **프랑크푸르트공항** 유럽을 대표하는 종합항공 중심지답게 깔끔하다.

HAVE ★ ★ ★ A TEATIME

배 고픈 영혼에게 바치는 간식 같은 애프터눈티 & 식사 같은 하이티 출장길에 오르는 사람은 노트북이나 업무관련 짐이 많아 잦은 이동을 달가워하지 않는다. ★ 이때 비즈니스 슈트나 세미 정장으로 가볍게 차려입고 호텔에서 애프터눈티 Afternoon Tea 나 하이티 High Tea 를 즐기는 것은 어떨까? ★ 애프터눈티는 영국인이 오후 3~4시에 즐기는 홍차 타임을 일컫는 말로, 스콘이나 쿠키 등을 곁들인다. ★ 반면 하이티는 이른 저녁식사 느낌으로 가벼운 샌드위치까지 포함되어 식사대용으로도 좋다. ★ 최근 애프터눈티와 하이티는 거의 같은 개념으로 보는데, 호텔에서 오후에 시작하는 애프터눈티 또는 하이티는 자리가 없을 정도로 사람들이 많이 즐기는 문화가 되었다. ★ 넉넉한 포트에 나오는 홍차 한 모금은 온몸을 개운하게 풀어주고, 삼단 트레이에 푸짐하게 나오는 각종 케이크와 스콘, 쿠키, 미니샌드위치는 보기만 해도 군침이 절로 돈다. ★ 뷔페식으로 운영하는 호텔도 늘어 먹성이 좋은 사람은 무제한으로 즐길 수 있다. ★ 혈당을 팍팍 올려주는 간식 타임을 즐기다보면 쌓인 스트레스와 피로가 눈 녹듯 사라질 것이다. ★ 눈과 입이 즐겁고, 마음이 넉넉해지니 이보다 더 좋은 보약이 또 있을까!

1. 영국 귀족문화에서 시작된 애프터눈티를 제대로 즐기려면 커피 대신 차를 즐기자. 차는 종류도 다양하고 여러 가지 향과 맛을 입힌 것이 있다. 차에 레몬 한 조각, 크림을 듬뿍 넣어 마시면 느긋함이 밀려오면서 긴장했던 마음이 서서히 풀어진다. **2.** 거한 식사보다 가벼운 식사를 원한다면 더욱 강추! 신선한 햄이 든 샌드위치에 달콤한 케이크, 쿠키까지 곁들이니 제법 든든한 식사로 손색이 없다. **3.** 소문난 애프터눈티는 예약이 필수인 곳도 있으니 미리 체크하면 편리하게 이용할 수 있다. 대부분 호텔에서 운영하므로 캐주얼, 청바지, 티셔츠보다는 격식 있는 옷차림이 어울린다는 사실도 명심하자. **4.** 애프터눈티는 사교문화에서 나온 만큼 가벼운 비즈니스를 겸하는 자리로도 손색이 없으니 격식 없는 업무라면 한번쯤 도전해보자.

HANG
KONG

 '이리 오너라, 마시고 놀자' 하고 외치며 술을 퍼마신 뒤 어김없이 가는 '홍콩'이니 얼마나 유명한 곳인가　★　그러나 여기서 홍콩은 중국의 특별행정구인 그 홍콩을 가리킨다.　★　홍콩은 쇼핑이나 관광도시로 유명하지만 금융·무역·상업 도시로, 아시아와 태평양 지역의 비즈니스 중심지로 자리 잡은 곳이다.　★　우리에게도 출장의 대명사로 여겨질 만큼 익숙한 도시이니, 기회가 오면 놓치지 말자.

1+2. 하버시티 홍콩에서 자투리 시간을 보내기 가장 좋은 곳이 하버시티 Harbourcity 다. 쇼핑천국이라고 불리는 하버시티는 무려 700여 개 매장에 다양한 브랜드가 줄줄이 사탕으로 이어지니 마음을 단단히 부여잡고 카드를 잘 다스릴 것.
3. 심포니 오브 라이트 심포니 오브 라이트 Symphony of Lights 를 보지 않고는 홍콩에 다녀왔다고 말하지 말지어다. 기네스북에도 오른 레이저 쇼는 매일 밤 8시 홍콩의 잘 빠진 스카이라인을 수놓는 음악과 함께 거대한 빛줄기 댄스를 선사한다. '공짜'니 맘껏 누리길! **4. 빅토리아 파크** 별들이 소곤댄다는 홍콩의 밤거리를 한눈에 내려다볼 수 있는 빅토리

아 파크 Victoria Park 를 빠뜨리지 말자. 도시를 수놓은 숱한 불빛에 설렌 나머지 아무에게나 사랑을 고백하는 사태가 벌어질지도 모른다. 해발 552미터로 제법 쌀쌀하니 긴소매 옷과 따뜻한 커피는 필수! **5.** 영화 〈중경삼림〉으로 유명해진 미드레벨 에스컬레이터의 길이는 상상을 초월하니 영화 주인공이 된 듯한 느낌으로 탑승해보자. 올라가는 데 한참 걸리니 너무 놀라지 마시길…….

 여자, 여행을 스타일링하다

그녀의 매혹 주말, 부산으로 Go~! Go~!   부산은 우리나라 제2의 도시인 만큼 지방 출장지로 환영받는 곳이다.   ★   해마다 열리는 부산국제영화제는 국제적인 영화제로 자리 잡아 외국의 영화 마니아들에게 사랑받고 있다.   ★   부산은 해안도시로 일본과 가까워 물류수송의 관문 구실을 하고, 일본과 교류도 활발해 서울과 다른 이국적인 분위기가 물씬 나는데, 부산 특유의 투박한 사투리는 낯선 여행지에서 따스한 정을 느끼게 해준다.

1.
2.
3.
5.
6.

1. 광안리 광안대교가 들어서면서 광안리의 스카이라인이 바뀌었지만 부산 사람들에게 여전히 사랑받는 해수욕장이다. 해수욕장을 따라 안쪽으로 유흥가가 즐비하고 횟집이 모여 있으나 해운대와 비교할 수는 없다. **2. 해운대** 호텔이 즐비한 해운대는 부산을 대표하는 해수욕장이 된 지 오래되었다. 해운대에는 날씨만 좋으면 겨울에도 선탠하는 외국인들이 있으니 가히 이국적인 해변이라 할 만하다. 해변을 등지고 골목으로 진입하면 복요리집과 밀면집이 모여 있어 부산의 또 다른 맛을 경험할 수 있다. 달맞이고개로 넘어가면 카페와 근사한 레스토랑이 넘치니 이곳도 필수코스. **3. 미나미 오뎅바** 지금까지 먹어본 오뎅은 모두 잊자. 미나미에서 만나는 오뎅은 국물 맛에 감동하여 눈물이 줄줄 흐르고 안주 맛에 정종이 절로 넘어간다. 김이 모락모락 오르는 바에 둘러앉아 밤늦도록 즐기는 일탈은 좋은 추억이 될 것이다(**위치.** 부산 해운대 그랜드 호텔 뒷골목). **4. 벡스코** 서울에 코엑스가 있다면 부산에는 벡스코 Bexco 가 있다. 개관한 지 얼마 되지 않았지만 모터쇼를 비롯한 굵직한 전시회가 열려 전 세계인의 시선을 집중시키고 있다. 벡스코 단지에 레지던스 스타일 숙소도 있으니 해운대가 버겁다면 이곳을 이용해보자(**위치.** 부산 지하철 2호선 센텀시티역). **5+6. 완당 18번지** 발음하기조차 어색한 완당은 몇 십 분 기다림을 감수하고서라도 꼭 맛보아야 할 부산의 먹을거리. 한쪽에서 끊임없이 완당을 빚는 장인의 손길을 보면서 맑고 깊은 국물 맛을 찬찬히 음미해보자(**위치.** 부산 지하철 1호선 남포동역 대영극장 앞 삼거리). **7. 범어사** 경남 3대 사찰 가운데 하나이다(**위치.** 부산 지하철 1호선 범어사역).

파리지엔의 낭만과 여유를 훔치다, 프랑스 파리　　유럽 출장지의 대표선수는 파리다.　★　세계 문화의 중심지이자 비즈니스 관광도시로 유명한 파리에서는 해마다 성명서가 1,620건이 넘게 발표되고, 국제 전시회가 380여 개나 열린다.　★　숱한 행사와 관련하여 수천 명의 전문가와 비즈니스맨이 몰려 비즈 트립의 진수를 맛볼 수 있는 곳이기도 하다.　★　출장 스케줄에서 개인시간이 그리 넉넉지는 않겠지만, 파리 시내의 포인트를 골라 섭렵하거나 초간단 코스를 짜서 알차게 마무리해보자.　★　프랑스 스타일의 기나긴 디너코스를 추억으로 남겨도 좋고, 파리지앵들의 라이프스타일을 흉내 내 노천카페에서 에스프레소를 마시며 풍경을 즐겨도 멋진 추억이 될 것이다.　★　예정에 없던 시간이 난다면, 여기저기 서 있는 인포메이션 센터를 활용하여 가까운 곳을 다녀보자.　★　짜릿한 쾌감을 배는 더 느낄 수 있을 것이다.　★　자, 이제 넥타이는 풀고, 하이힐은 벗어던지자. 그리고 파리지앵이 되어 파리 구석구석을 누벼보자.

프랑스

R I S

1. 길가에 즐비한 서점은 친근하면서도 소박하게 느껴진다. 서점에서 책을 뒤적거리다 보면 행복감과 여유로움이 밀려올 것이다. **2. 오르세미술관** 기차역을 개조해 만들었다는 오르세미술관 Musée D'Orsay 에서 유명한 그림을 눈으로 직접 확인하며 우아하게 감상해보자. **3.** 미술의 나라답게 박물관에서 모사하는 사람들도 많이 눈에 띈다. **4. 노트르담 대성당** 카메라 광고에서 소지섭이 찍던 노트르담 대성당 Cathédrale Notre-Dame de Paris 도 파리 시내 중심가에서 쉽게 만날 수 있다. **5. 루브르박물관** Musée du Louvre 1주일을 봐도 시간이 부족할 만큼 거대한 곳이다. 유리 피라미드의 자태를 보라. **6. 튈르리정원** Jardin Des Tuileries 의 지에 앉아 사람 구경하는 것만으로도 신나는 곳이다. **7+8. 몽파르나스 공동묘지** Cimetière Montparnasse 사르드르, 보부아르, 모파상, 보들레르 등이 잠든 곳으로 정원처럼 아늑하다.

일하면서 틈틈이 떠나는 럭셔리 여행

직장인들이 상사에게 가장 듣고 싶은 말 1위는? 일 잘했다는 칭찬이나 격려의 말이 아니다. "나 내일부터 3일 동안 출장 간다"이다. 따지고 보면 출장은 가는 사람, 보내는 사람 모두에게 달콤한 말이다. 출장이야말로 업무를 가장한 일상 탈출 아니던가! ● 직장에 다니다보면 업무상 크고 작은 출장을 가게 된다. 전국 방방곡곡을 훑고 다니는 사람이 있는가 하면, 해외 출장으로 대륙을 넘나들며 업무 연장선을 긋는 사람도 있다.

출장, 즉 비즈 트립 Biz Trip은 스포츠 팀의 원정경기와 같다. 홈그라운드에서 터를 닦고 많은 경기를 치르며 홈팬을 위해 부지런히 뛰다가 다른 지역에서 실력을 재평가 받기도 하고, 새로운 환경에 도전하는 시험을 치르는 결정적인 순간을 맞게 된다. ● 비즈니스에서도 마찬가지로 출장은 현재보다 더욱 발전하는 기회가 되거나 지금 하는 일에 도움이 되는 해외 시장을 체험함으로써 내공을 키우는 기회가 되기도 한다. 그뿐인가. 운만 좋으면 큰 매출을 안겨주는 계약까지 성사시키니 비즈 트립은 매력 만점이다. 또 반복되는 일상에서 벗어나 업무를 보다보면 색다른 에너지가 느껴지고 매너리즘에 빠진 뇌가 각성되기도 한다.

하지만 안타깝게도 비즈 트립에도 양면성이 있다. 어디까지나 업무의 연장선인 만큼 아웃풋 부담이 있고, 실적이 없을 경우 불어닥칠 후폭풍을 무시할 수 없으며, 체력적으로 어림없을 만큼 고달픈 일정이기 일쑤다 ● 게다가 거리가 멀면 엄청난 비행시간을 견딜 인내심은 기본이고(아니, 일하러 가는데 비즈니스 클래스 끊어주면 어디가 덧나!) 공항에 도착하자마자 거듭되는 회의, 겨우 끼니 때우고 회의 마치면 바로 귀국길, 도착하자마자 회사로 출근하는 지옥 같은 출장 스케줄은 감수하기 버겁다. ● 그래도 해외 출장은 양반이다. 전국 산간, 도서 지역으로 가도 가도 끝이 없는 로드무비 한 편 분량의 출장길을 다녀오려면 울고 싶을 터. 이쯤이면 출장은 해병대 지옥훈련과 다를 바 없다. ● 출장을 밥 먹듯 다녀야 하는 이들에게 철딱서니

없는 사람들이 보내는 부러움에 찬 시선을 받으려면 얼굴에 벌레가 기어가는 것 같다. 1년의 90퍼센트를 외국에서 떠돌며 지내는 승무원이나 허구한 날 취재 일정으로 출장에서 헤어나지 못하는 잡지사 기자에게는 출장길이 고행길이니, 출장이 그리 녹록하거나 매력 있는 일일 수만은 없다.

그러나 이런 장단점을 인식하고, 좋은 점을 부각하여 비즈 트립을 제대로 즐겨보는 것은 어떨까! 일단 네모 반듯 3종 세트인 사무실과 책상, 모니터를 벗어나 업무를 볼 수 있다는 것은 직장인들의 로망이다. 그러니 출장 일정이 잡히면 타이트한 일정에 한숨 짓고 긴 비행 시간에 답답해하는 대신, 여행의 한 종류로 여기고 출장을 수행해보자. 이름하여 '비즈 니치 트립 Biz Niche Trip'은 출장 틈새 여행으로 해석할 수 있겠다. 다시 말해 비즈 니치 트립은 틈새시장을 공략하는 니치마킹 같은 맥락으로, 빡빡한 일정이든 터무니없이 널널한 일정이든 틈새를 공략해 즐기는 프리미엄 스타일 여행이다.   출장 장소는 대개 내가 원하는 곳이 아니라 업무를 보기 위한 곳들이다. 그렇다보니 평소와 달리 들뜨거나 설레는 마음 없이 일단 출장 목적 달성이라는 업무만 염두에 두는 경우가 많다. 그러나 업무 관련 회의와 미팅을 마치면 빈 시간이 생기게 마련이다.   이럴 때 호텔 방에서 낮잠으로 시간을 죽이거나 무엇을 할지 고민하다가 그마저도 놓쳐 낭패를 보기 일쑤인데, 이런 틈새를 공략해보자.   틈새공략 넘버원은 호텔을 제대로 이용하는 것이다. 서둘러 짐을 꾸려 떠난 출장길이라 변변한 책도 가져가지 못했을 터. 이때 호텔 비즈니스 센터의 인터넷을 활용하자.   그보다 더 좋은 방법은 리셉션 매니저나 도어맨에게 근처 맛집이나 이름난 곳을 살짝 물어보는 것이다. 아마 더없이 친절한 말투로 현지인만 알 수 있는 알짜배기 정보를 들려줄 것이다. 이도저도 귀찮거나 피곤해서 꼼짝하기 싫으면 호텔 수영장이나 스파를 이용하는 것도 좋다.   장거리 비행을 거뜬하게 보낼 자신만의 노하우를 빨리 터득해

일단 네모 반듯 3종 세트인 사무실과 책상, 모니터를 벗어나 업무를 볼 수 있다는 것은 직장인들의 로망이다. 그러니 출장 일정이 잡히면 타이트한 일정에 한숨 짓고 긴 비행 시간에 답답해하는 대신, 여행의 한 종류로 여기고 출장을 수행해보자.

두는 것도 능력이자 비즈 니치 트립을 즐기기 위한 준비과정이 될 수 있음을 명심하자. 부족한 수면을 보충할 수도 있고, PMP에 담아둔 영화로 지루한 비행시간을 가볍게 견딜 수도 있다. 지나친 음주는 피해야 하지만 와인이나 맥주 등 알코올을 적당히 섭취하고 긴장을 푼 뒤 겨울잠 자듯 깊게 자는 것도 좋겠다. ● 스톱오버(경유)하는 경우라면, 시간에 쫓겨 엄두내지 못한 면세점 쇼핑을 하거나 편안한 소파가 있는 카페를 찾아 잡지를 읽는 것도 좋은 방법이다. 또 항공사에서 제공하는 투어버스를 타고 경유 도시를 휙 돌며 바람을 쐬고 들어오는 것도 비즈 트립을 한층 더 의미 있게 보내는 방법이다.

틈새를 공략해 자신만의 비즈 니치 트립을 즐기면, 홈그라운드로 돌아와 시차 적응하는 시간을 훨씬 줄일 수 있고, 출장 후유증 따위와 결별할 수 있다. 이와 더불어 출장에서 잠깐 쐰 바람은 큰 시너지 효과를 주어 일상 업무와 생활에 열정과 기운이 넘치게 할 것이다. ● 출장도 제대로 요리할 줄 아는 당신만이 프리미엄 여행을 즐길 줄 아는 진정한 멋쟁이! 즐기자, 비즈 니치 트립!

출장은 어디까지나 출장, 일만 하면 된다는 업무지상주의에 빠진 사람  한 번 출장으로 업무와 쇼핑, 여행, 휴가까지 즐기려는 욕심 많은 사람  잦은 출장으로 출장이라는 말만 들어도 깜놀 ^{깜짝 놀람} 하는 사람  시간 있으면 돈 없고, 돈 없으면 시간 있는 사람

TRIP ★★★ PARTNER

완벽한 휴식을 위한 믿음직한 동반자, 비즈 니치 트립 파트너!

분실물 걱정 끝~!

톡톡 튀는 나만의 네임태그 트렁크나 작은 캐리어에 자신의 이름과 주소를 정갈하게 써넣은 네임태그 하나 달아두면 여러모로 편리하다. 수하물을 잃어버렸을 때 찾기도 수월하고, 수많은 짐 가방에서 내 가방을 찾기도 편리하다. 톡톡 튀는 나만의 네임태그를 붙여보자. 이때 한국어와 영어로 써두면 훨씬 유용하다. 출장길에 중요한 서류가방을 잃었다 해도 찾을 확률 절반은 먹고 들어갈 터!

쌓일수록 돈 되는 똑똑한 여행기술

항공사 마일리지 카드 여행을 좋아하는 사람이라면 필수로 만들어야 할 것이 항공사에서 발급하는 마일리지 카드다. 출장이 잦을수록 더더욱 깐깐하게 챙겨야 한다. 신용카드 포인트를 아예 항공 마일리지로 받기도 하고, 포인트를 마일리지로 돌려받을 수도 있으니 알뜰살뜰 모아보자. 한 항공사에 몰아 쌓으면 좋지만, 부득이하게 다른 항공사를 이용하더라도 해당 마일리지 카드를 만들어 일단 쌓고 보자. 돈이 나가는 신용카드와 다르게 돈이 쌓여 공짜티켓을 받는 마일리지 카드로 여행의 고수로 거듭나자.

나 홀로 여행자들의 든든한 안내자

론리플래닛 or 시티맵 여행자들의 바이블로 통하는 론리플래닛 *LonelyPlanet* 시리즈(론리플래닛출판사에서 발간한 세계에서 가장 큰 독립 여행 안내서는 어느 나라든 거의 모든 도시와 서점에서 쉽게 만날 수 있다. 미리 준비하면 좋겠지만 혹 챙기지 못해도 현지 서점에서 손쉽게 구할 수 있다. 가뿐하게 손에 쥐고 호텔이나 공항 안내 센터에서 공짜로 얻을 수 있는 지도 한 장 뽑아 뒷주머니에 꽂아두자. 출장 업무가 끝나는 순간, 비즈니스맨에서 관광객 모드로 변신하고 즐길 수 있을 것이다.

시간을 달리는 여행자

듀얼워치 출장에서 좀더 파워풀한 파트너로 챙겨두면 좋은 것이 바로 시계다. 가지고 다니기 편리한 미니 탁상 듀얼타임 워치를 가방에 살짝 넣는 센스를 발휘하자. 휴대전화에 포함된 듀얼타임 기능을 활용해도 좋고, 비즈니스용 손목시계를 이용해도 좋다. 황금 같은 여행지에서의 자투리 시간을 남김없이 활용하자.

손 안의 엔터테인먼트

닌텐도와 아이팟 비행시간이나 기타 이동시간을 지루하지 않게 해주는 타임 킬링용 파트너는 꼭 필요하다. 닌텐도의 두뇌게임은 느슨해진 뇌 주름에 레티놀만큼이나 탄력을 줄 것이고, 아이팟 터치에 담은 동영상은 그간 즐기지 못한 문화생활의 허기를 채워줄 것이다. 또 시차적응이 안 되어 호텔에서 잠 못 이룰 때 좋은 친구가 되어줄 것이니 닌텐도와 아이팟 중 하나는 꼭 챙기자!

Mentoring
trip

PART **03.**

멘토링 트립

Mentoring Trip : '조언자' 멘토
Mentor 와 '가르침을 받는 사람' 멘티
Mentee 처럼 삶을 더욱 윤택하고
가치 있게 만들어주는 여행

입장시간 ▶ 상시 이용가능   위치 ▶ 경기도 파주시 문산읍 마정리 민간인출입통제구역 내

변변한 멘토 없이 헤매는 외로운 영혼들이여, 내게로 오라!며 손짓하는 곳이 있으니 경기도 파주의 평화누리공원이 바로 그곳이다. 이곳은 2005년 세계평화축전을 계기로 조성한 엄청난 크기의 잔디 언덕이 장관이다. ★ 공원에는 북쪽을 향해 염원하고 사색하는 거대한 대나무 사람 조형물이 서 있고, 컬러풀한 바람개비 3,000여 개가 빙그르르 돌아가니 멘토링 트립의 조건은 제대로 갖춘 셈이다. ★ '바람의 언덕'이라는 언덕에 올라 불어오는 바람을 맞으며 주변 경관을 바라보면 이보다 더 훌륭한 멘토는 없을 듯하다. ★ 깨달음을 가지고 불어오는 시원한 바람, 나를 후원하는 양 웅장하게 서서 힘을 주는 대나무 인간, 언덕 주변에서 맹렬히 회전하며 춤추는 수백 수천의 바람개비 속에서 당신은 자유가 된다.

1. 취향근의 '동을 부르기'

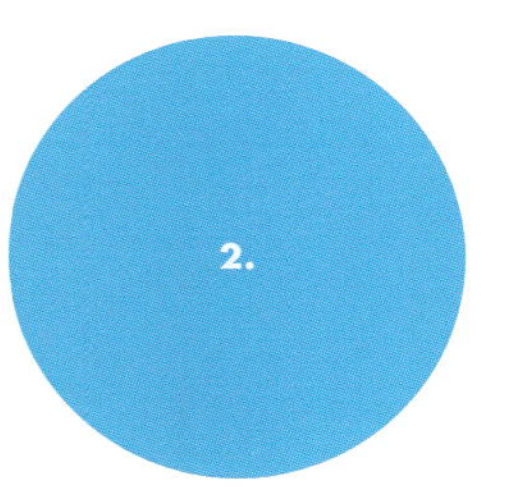

2. 무지갯빛 평화누리공원　파랑, 노랑, 빨강 등 화려한 원색을 뽐내며 바람을 타고 도는 모양새도 근사하지만, 바람소리를 가슴 트이게 들려주는 스피커 역할을 톡톡히 하니 귀 기울여보자.　**3. 안녕!**　들어서면 반가운 인사를 던져줄 것 같은 '안녕'은 수상카페다. 자연친화적인 모양새로 연못을 끼고 앉아 전망이 무척 아름답다. (**이용 시간.** 12:00~20:00)　**4. 음악의 언덕**　다양한 행사가 진행되어 자연에서 즐기는 콘서트를 만끽하기 좋다. 돗자리족도 심심치 않게 볼 수 있으니 잔디에 누워 음악을 멘토 삼아 즐겨보자.

곤돌라 이용시간 ▶ 09:00~17:00(동하계 시즌별, 요일별 상이)
위치 ▶ 전북 무주군 설천면 무주리조트 내

 말없이 정상까지 꿋꿋하게 오르는 등산만큼 멘토링 트립에 걸맞은 것이 또 있을까? ★ 오르다 지치면 쉬고, 괜찮아지면 또 오르고 올라 마침내 정상에 올라선 순간 아이맥스 영화처럼 펼쳐지는 산 아래 경치에 문득 깨달음을 얻게 된다. ★ 우리나라에 수려한 명산이 차고 넘치지만, 그중에도 한국의 알프스로 통하는 덕유산을 콕 찍어 추천하고 싶다. ★ 무주구천동의 울트라 풍경을 감상할 수도 있거니와, 겨울에는 설천봉이라는 이름에 걸맞게 펼쳐진 눈꽃 경치를 보면 눈물이 날 정도로 감동적인 장관이 펼쳐질 것이다. ★ 걸어서 정상에 오르는 것이 제일 좋지만, 산을 타는 게 죽기보다 싫은 사람은 곤돌라를 타면 15분 만에 도착한다.

1. 눈꽃을 보지 못한 자는 인생을 논하지 마라! 사시사철 날씨와 무관하게 정상에서 내려다보는 속세의 모습은 한 폭의 그림 같지만, 특히 겨울에 만나는 정상의 눈꽃은 새로운 세상을 열어줄 것이다. **2.** 맑은 날 눈꽃을 조우하면 하늘이 보내주신 멘토를 만나는 듯 최고의 멘토링 트립을 즐기는 것이니, 프리미엄으로도 모자라 더블을 외쳐도 좋다. 보라! 꼿꼿한 눈꽃의 기개와 카리스마 넘치는 자태를! **3+4.** 설천봉에서 향적봉까지 과감하게 도전하고(30분 코스로 난이도 최하) 정상에서 '야호'를 외쳐보자. 신선하고 맑은 공기를 들이마시며 세상을 밟고 서면 무한한 자신감으로 무장하게 되어 멘토링 효과가 100퍼센트 발휘될 것이다. 정상에서의 사진 한 장도 필수.

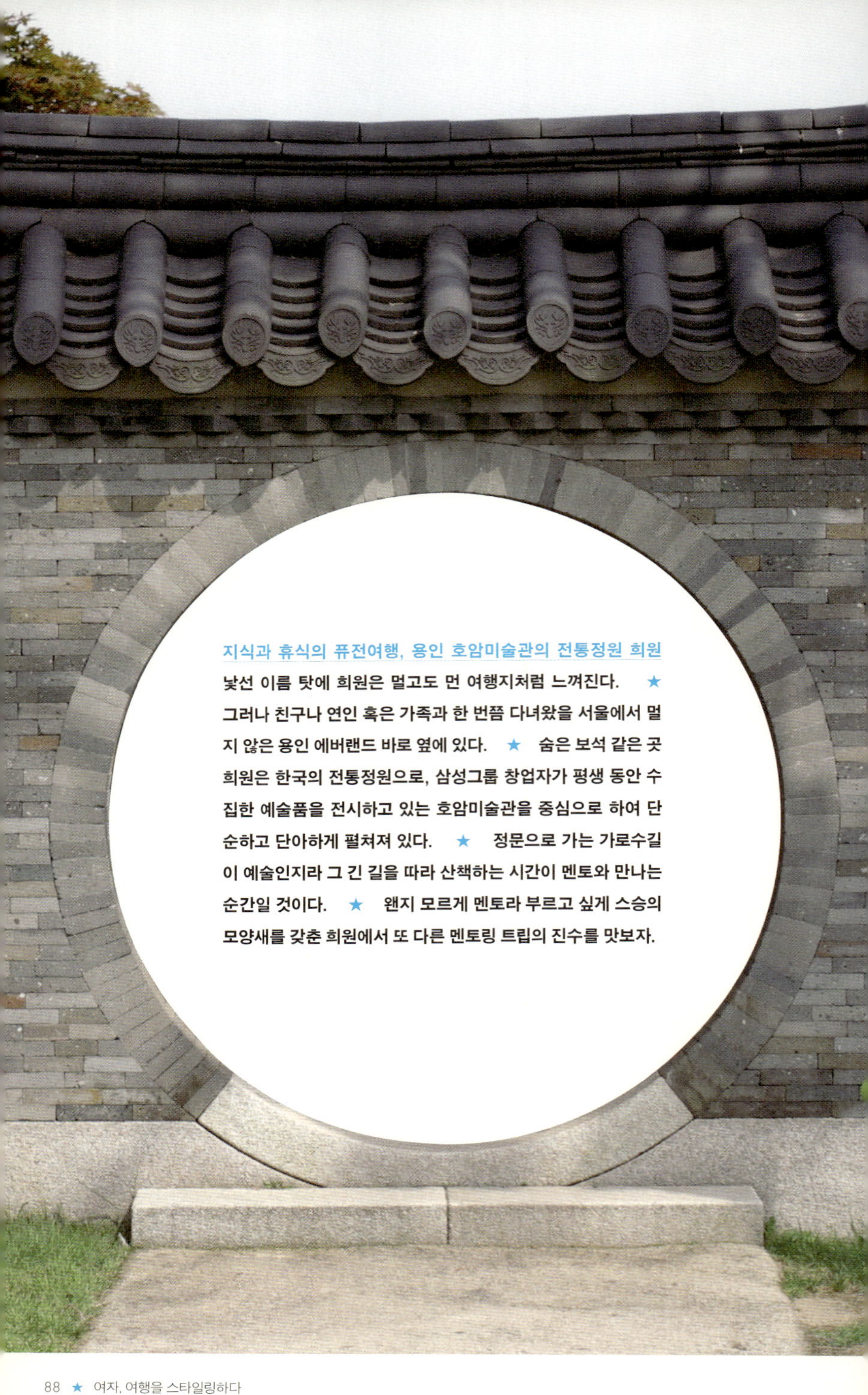

지식과 휴식의 퓨전여행, 용인 호암미술관의 전통정원 희원
낯선 이름 탓에 희원은 멀고도 먼 여행지처럼 느껴진다.　★
그러나 친구나 연인 혹은 가족과 한 번쯤 다녀왔을 서울에서 멀
지 않은 용인 에버랜드 바로 옆에 있다.　★　숨은 보석 같은 곳
희원은 한국의 전통정원으로, 삼성그룹 창업자가 평생 동안 수
집한 예술품을 전시하고 있는 호암미술관을 중심으로 하여 단
순하고 단아하게 펼쳐져 있다.　★　정문으로 가는 가로수길
이 예술인지라 그 긴 길을 따라 산책하는 시간이 멘토와 만나는
순간일 것이다.　★　왠지 모르게 멘토라 부르고 싶게 스승의
모양새를 갖춘 희원에서 또 다른 멘토링 트립의 진수를 맛보자.

1. 마성톨게이트를 지나 희원으로 향하는 길도 천천히 음미하며 가기 딱 좋다. 눈을 씻고 주변을 둘러봐도 온통 초록 천지여서 나무와 꽃을 빼면 아무것도 없을 듯하다. **2.** 정문으로 향하는 긴 가로수길은 우리나라에서 제일 아름다운 길이라고 해도 과장이 아니다. 게다가 이 길이 어찌나 사랑스러운지 계절별로 방문하게 되니, 멘토와 함께하는 사계절이 절로 풍요롭다. **3.** 보화문을 지나 대나무길로 향하는 길에서도 서두르지 말고 천천히 걸음을 옮기며 주변을 살펴보자. **4.** 커다란 연못에 비치는 자연은 한 폭의 동양화 같다. 그늘진 바위에 걸터앉아 바라보자. 내가 자연이고, 자연이 곧 나여서 일심동체가 된다. **5.** 호암미술관을 둘러보고 작은 문을 지나면 이국적인 브란델 정원이 맞아준다. 프랑스 조각가의 조각을 중심으로 메타세쿼이아가 줄지어 있어 더욱 장관이다.

SINDU _RI

 국내에서 사구, 즉 모래언덕을 만날 수 있는 곳이 있다. ★ 태안에 있는 신두리해수욕장(천연기념물 431호)이 바로 그곳이다. ★ 바닷바람을 따라 해안에 모래가 쌓이면서 자연스럽게 만들어진 모래언덕은 모양과 높이가 수시로 바뀐다고 한다. ★ 또 전국 최대 규모의 해당화 무리가 다큐멘터리의 한 장면처럼 귀하고 근사한 풍경을 만든다. ★ 서해 특유의 잔잔한 바다에서 은은한 바람을 맞으며 곱디고운 모래언덕에 앉아 있으면 저절로 기분 좋은 명상이 된다. ★ 신두리가 최고의 멘토가 되어 인생을 좀더 여유 있고 넉넉하게 보는 마음까지 길러줄 것이다. ★ 끝도 없이 펼쳐진 파라솔과 모래알보다 많은 인파가 바글거리는 해변은 당장 머릿속에서 지워버리자. ★ 상상해보라. 모래바람을 벗 삼아 정신세계를 말끔하게 수련하고 내 안의 멘토를 만나는 희열을.

1. 자동차가 해변을 달리는 광고의 한 장면을 기억하는가. 신두리가 바로 그 버경이다. 너른 해변을 아침저녁으로 산책해도 좋다. 2. 모래에 서식하는 통보리사초는 이국적인 느낌으로 다가와 신두리를 사막의 오아시스처럼 신비스럽게 만들어준다. 3. 모래밭에 핀 해당화 찾아 삼만 리. 4. 곱디고운 모래를 맨발로 밟는 느낌이 색다르다. 5. 신두리의 대표 먹을거리는 속 시원한 박속낙지탕.

4.
5.

이용시간 ▶ 11:00~22:30(월요일 휴무)
위치 ▶ 경기도 안산시 상록구 필곡일동
picnic

상큼함이 톡톡, 두 눈이 반짝! 유니스의 정원　　사람들이 보통 행복한 노년을 꿈꿀 때 등장하는 것이 바로 마당 있는 집이다.　★　작은 마당에 아담한 정원이 있으면 인생의 뒤안길에서 큰 위로가 되는 까닭이다.　★　정원카페라는 새로운 컨셉트로 등장한 '유니스의 정원'을 멘토 트립 장소로 강력 추천한다!　★　유니스의 정원은 꽃과 허브, 각종 식물로 꾸며 인위적이라기보다 편안하고 소박한 정원 느낌이 더 난다.　★　할머니와 할아버지가 손수 꾸민 듯한 투박함이 느껴져 더 마음이 가고, 군데군데 직접 만든 집과 벤치를 보면 입가에는 미소가 번진다.　★　식당과 카페에서는 화학조미료를 쓰지 않는 홈 메이드 음식을 내놓아 먹을거리까지 멘토로서 충분하다.　★　먹고 즐기는 유니스의 정원은 다른 어떤 멘토보다 몸과 마음을 깨끗이 해줄 것이다.

1. 

2. 

3. 

4.

1. 햇살 담은 새집이 옹기종기 모여 있어 평화로워 보인다.   **2.** 들꽃 하나하나의 소중함을 몸소 느낄 수 있다. 자연에게 배우는 또 다른 가르침.   **3.** 아담한 정원은 누구나 한 번쯤 꿈꾸는 전원생활의 로망을 보여준다.   **4.** 각종 허브 제품과 유기농 제품을 파는 가게에서 허브티와 수제쿠키를 맛볼 수 있다.   **ETC.** 건강식으로 보충하는 에너지는 일상으로 돌아온 후에도 활력이 될 것이다.

삶의 영원한 멘토 자연

최근 떠오르는 멘토링은 거창하고 어려운 숙제가 아니라 이렇게 편안하게 기댈 어깨를 잠깐 빌려주거나 힘들고 지칠 때 인생의 작은 깨달음을 주고받는 관계 맺음이다. ● 멘토링이라는 단어의 멘토 Mentor 와 멘티 Mentee 를 살펴보면, 멘토는 조언자, 스승이라는 뜻으로 그리스 신화에서 유래했다. ● 이타이카 왕 오디세우스가 전쟁에 나가면서 친구에게 아들을 보살펴달라고 부탁했다. 그러자 친구는 오디세우스가 집에 돌아올 때까지 그 아들의 선생님은 물론 친구가 되기도 하고 때론 상담자가 되거나 아버지가 되기도 했다. 이 친구의 이름이 멘토르였는데, 지혜와 믿음으로 인생을 올바로 살도록 이끌어주는 지도자가 되었다 하여 이때부터 스승, 조언자 몫을 하는 사람을 일컬어 '멘토'라고 한다. 이때 멘토의 조언을 듣고 상담을 받는 사람을 '멘티'라고 한다.

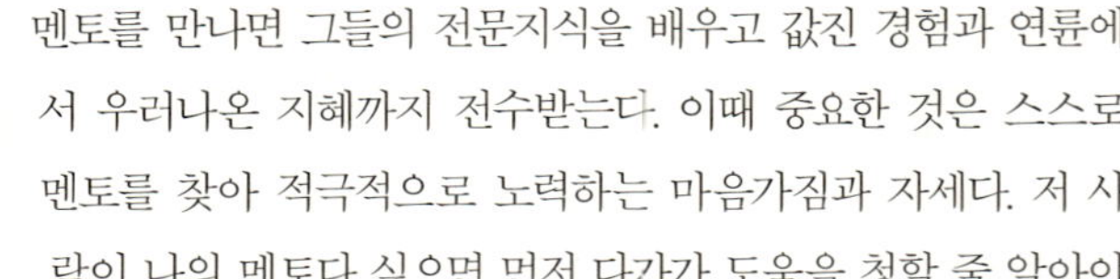

멘토를 만나면 그들의 전문지식을 배우고 값진 경험과 연륜에서 우러나온 지혜까지 전수받는다. 이때 중요한 것은 스스로 멘토를 찾아 적극적으로 노력하는 마음가짐과 자세다. 저 사람이 나의 멘토다 싶으면 먼저 다가가 도움을 청할 줄 알아야

한다. 그리고 멘토의 조언이나 충고 등을 더없이 기쁜 마음으로 받아들여야 한다. ●　범위를 넓혀보면 멘토는 인간으로만 존재하는 게 아니다. 책에 있는 글 한 줄일 수도 있고, 디지털카메라 렌즈 속 프레임에서 마주치는 어떤 풍광일 수도 있다. 또 맛있는 파스타를 먹다 잘 익은 면발의 쫄깃함에서 깨달음을 얻을 수도 있다.

모든 게임에 규칙이 있듯 멘토 놀이에도 꼭 지켜야 할 규칙이 있다. 첫째, 멘토는 솔루션 제공자가 아니다. 당신이 미로 같은 곳에서 길을 잃고 헤매일 때 친절하게 지도와 나침반을 내주는 것이 아니라, 동서남북을 알아낼 여러 가지 노하우를 알려주거나 지도 보는 법을 가르쳐주는 것이다. 따라서 퀴즈 정답처럼 정확한 해답을 말해주는 것이 아니라 올바로 결정할 수 있게 방향을 제시하고 공식을 가르쳐준다는 사실을 기억하자. ●　둘째, 멘토는 멘티를 찾아와 먼저 손을 내밀지 않는다. 따라서 미래가 불안하여 답답하거나 문득 혼자라는 생각이 들어 외로울 때 주저 말고 멘토를 찾아 도움을 요청하는 것이 멘티의 몫이다. 당신이 기대고 싶거나 고향 같고 안식처 같은 느낌을 주는 선배, 상사, 은사가 있다면 망설이지 말고 찾아가라. 마음을 터놓고 고민을 이야기하면 비로소 당신의 진실한 멘토가 탄생하는 것이다. ●　셋째, 멘토에게 항상 감사해야 한다. 멘토의 가르침을 받아 좋은 결과를 얻든 나쁜 결과가 나오든 책임을 묻는 등의 무례함은 삼가고 오로지 고마운 마음만 갖자.

이쯤 되면 이제부터 소개할 여행의 테마가 뭔지 감 잡았을 것이다! 그렇다. 마음의 문을 찾아 떠나는 여행. 나만의 멘토가 되어줄 가르침을 찾아 떠나는 '멘토링 트립'을 제안한다. 아직 이렇다 할 멘토를 찾지 못했다면 멘토링 트립을 즐기면서 자신에게 맞는 멘토를 찾아보는 것은 어떨까?

사람과 사물 그리고 일에서 벗어나 자연으로 들어가 신의 섭리로 가득한 자연의 일정한 규칙을 유심히 살피면서 꽃이나 풀, 나무 등을 눈여겨보다 보면 그동안 미처 알지 못했던 것들이 눈에 들어온다. 멘토링 트립은 이처럼 자기 성찰이 목적이 아니라, 자신을 떠나서 주변의 것들을 살펴보는 데 큰 의의가 있다. 멘토가 당신에게 큰 그림을 그려주거나 눈앞에 있는 것도 보지 못하는 것을 비로소 보게 해주듯, 멘토링 트립도 더욱 구체적인 것을 보고, 느끼고, 깨닫게 해준다. 나아가 상상에 날개를 달아 힘차게 날게 해주는 원동력이 될 것이다. 이렇게 자연을 상대로 색다른 브레인스토밍을 할 수 있으니 자연이 멘토가 되는 셈이다. 그것도 아무런 대가를 바라지 않으면서 말이다.

멘토링 트립을 마치면 이성보다 감성을 훨씬 더 키울 수 있고 멘토의 가르침을 그저 듣고 따르기보다 적극적 멘티가 되어 가르침에 응용력까지 덧붙여 곤란한 상황을 거뜬히 풀어가는 실력자가 될 수 있다. 일상을 벗어나 여행을 즐기는 것만으로도 즐거운데, 멘토링까지 한꺼번에 해결하니 절로 넉넉한 여행이 된다. 삶에 다양한 스펙트럼을 쏘아 올리는 힘을 얻는 최고의 멘토링 트립, 당신을 프리즘으로 만들어주는 멘토링 트립, 쾌청한 날씨를 벗 삼아 오늘 떠나자!

★ **이런 분들, 멘토링 트립을 강추합니다!!!** ★

 〈외로워 외로워서 못 살겠어요〉라는 노래가 애창곡인 사람  너무 말이 없어 스파이더맨처럼 입에서 거미줄 친 사람  정신적 지주를 '술'삼아 만날 술독에 빠져 사는 사람 〈태왕사신기〉 단군, 욘사마가 자신의 멘토라고 울부짖는 현실감각 떨어지는 사람

T R I P

완벽한 휴식을 위한 믿음직한 동반자, 멘토링 트립 파트너

PARTNER

세상에 단 하나뿐인 추억을 박제하다

폴라로이드 폴라로이드 사진의 장점은 빨리 나오고 세상에 한 장뿐이고, 구겨지지 않는다는 사실이다. 디지털이 발달한 요즘 투박한 아날로그 맛을 느끼게 해주는 폴라로이드는 참신함 그 자체다. 멘토링 트립 내내 발길을 멈추고 사색에 잠겼던 장소를 한 장의 사진으로 기록하고, 그 위에 암호를 적어 틈틈이 넘겨볼 때마다 마음을 다질 수도 있다.

Thingking on the Wall

포스트잇 포스트잇을 크기별, 종류별, 색깔별로 준비해가자. 호텔 룸에서 빈 벽을 활용하여 당신의 과거를 돌아보고, 현재를 직시하며, 미래를 구상하여 나열해보자. 십자말풀이 풀 듯 단어나 짧은 문장으로 채워진 포스트잇을 벽에 붙여가며, 색깔별로 테마를 정해 붙였다 뗐다 정리하다보면, 어느새 멘토가 던져주는 화두 하나가 '아!' 하는 탄성과 함께 마지막 포스트잇에 남아 있을 것이다. 생각의 벽으로 멘토링 트립을 마무리한다면 금상첨화!

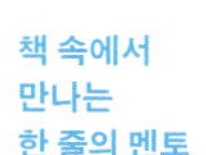

책 속에서 만나는 한 줄의 멘토

책 당신의 좌우명은 무엇인가? 좌우명 또한 일종의 멘토 역할을 하는 것으로, 대부분 책에서 만나게 된다. 당신 인생에 큰 종소리를 울려줄 내공 있는 책을 몇 권 골라 멘토링 트립에 오르자. 책만큼 여러 분야의 다양한 멘토를 두어 '멘토 백만장자'처럼 만들어주는 것이 또 있을까? 한 줄 한 줄 읽으면서 깨닫는 '그것'은 십장생의 명줄보다 값지고, 양귀비의 미모보다 아름답다. 책 읽어주는 멘토, 넌 내 거야!

언제 어디서든 외롭지 않아!

나만의 마스코트 홀로 여행을 즐기는 이들은 여행지에서 만난 사람들이 친구요, 가족이다. 사람은 며칠 동안 적적하게 지내다보면 외로움과 그리움이 밀려오게 마련이다. 심지어 혼자 중얼거리기까지 하는데, 평소 아끼는 캐릭터 인형, 작은 아바타, 마스코트를 파트너 삼아 함께해보자. 말이 없으니 싸울 일도 없고, 숙소에 돌아왔을 때 반겨주니 더 없이 편안하게 느껴질 것이다. 일탈에서 만나는 일상의 한 부분이지만 분명 친구 노릇을 톡톡히 해줄 것이다.

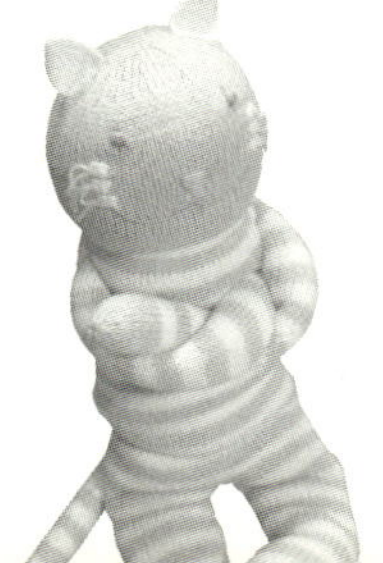

Final Coal
trip

PART **04.** 파이널 골 트립

CHICAGO!
하이힐 신고 떠나는 시크한 시티 트립, 미국 시카고
영화 〈당신이 잠든 사이에〉의 배경인 시카고는 건축의 메카로 불린다.
1885년 당시로서는 기절초풍할 최고층건물(13층)이 지어졌는데, 여기서 '마천루', skyscraper 라는 단어가 탄생했다.
110층 시어스타워를 비롯해 존 행콕센터, 옥수수빌딩이라 불리논 마리나시티, 시카고에서 가장 아름답다는 리글리빌딩 등 역사와 유서가 깊은 시카고의 스카이라인은 건축하는 사람이라면 누구나 한번쯤 둘러봐야 하는 필수 코스로 꼽힌다.

1. 시어스타워 Chicago Sears Tower 25년간 세계에서 가장 높은 빌딩 자리를 고수해온 시어스타워는 두바이의 초고층 빌딩과 콸라룸푸르의 페트로나스타워 등에 점점 밀려나고 있지만 역사와 건축사의 걸작이라는 타이틀은 내놓지 않을 듯하다. 고초속 엘리베이터로 412미터 높이에 있는 전망대까지 가는 데 걸리는 시간이 1분 남짓, 타워에서 내려다보는 시카고의 야경은 백만 달러짜리다! **2. 리글리빌딩** Wrigley Building 추잉검으로 유명한 리글리 본사가 있는 리글리빌딩 또한 시카고 강을 끼고 우뚝 선 모양새가 예사롭지 않다. 1912년 흰색 르네상스풍 리글리빌딩이 완공됐을 때 이를 구경하기 위해 사람들이 엄청 몰려들었다고 한다. 최근 백만장자 워렌 버핏이 리글리를 인수해서 이제 리글리의 주인은 워렌 버핏이라지! **3. 존 행콕센터** John Hancock Tower 미국에서 두 번째로 높은 건물이다. 뉴욕과 시카고는 초고층 건물을 두고 숱한 자존심 싸움을 벌였지만, 마천루의 본고장 시카고가 압승했다. **5. 워터타워** Water Tower **4. 트리뷴타워** Tribune Tower 벽면에 세계 명소에서 공수해온 돌을 박아놓은 것이 인상적이다. **6. 시카고 피자** 1971년 시카고 대화재로 건물이 대부분 탔지만 유일하게 살아남은 역사적 산증인이다. 시카고에 가면 피자를 빠뜨리지 말자. 엄청나게 두꺼운 피자도우로 유명한 시카고 피자로 배를 든든하게 채워두면 여행이 배는 즐겁다. 두꺼운 토핑과 엄청난 치즈에 놀랄 준비를 단단히 할 것! **7. 고가철도** 다운타운의 루프 loop라 불리는 고가철도는 시카고의 명물. 〈당신이 잠든 사이에〉의 여주인공 산드라 블록의 사랑이 시작되는 곳 또한 철도 토큰 부스가 아니던가. 낭만적인 교통수단이니 한번 타보는 것도 좋겠다.

럭셔리 호텔의 무한도전, 제주 호텔 투어   몇 년 전 드라마로도 제작되었던 호텔리어는 요즘 전문직으로 한창 주가를 올리고 있다. ★   호텔리어는 호텔 관련 일에 종사하는 사람을 일컫는 말로, 이들은 세련되고 격식 있는 서비스, 즉 프리미엄 서비스를 고객이 만족할 때까지 제공한다. ★   이제 막 호텔 관련 일을 하는 신참내기일지라도, 유명한 호텔에 묵으면서 서비스를 체험하고 무엇이 호텔을 차별화하는지 꼼꼼하게 따져보는 여행은 큰 도움이 될 것이다. ★   세계의 유명 호텔학교 또는 업계 최고의 교육기관 수료도 중요하지만, 이런 경험을 바탕으로 하드웨어보다는 소프트웨어를 꽉 채운다면 파이널 골은 100퍼센트 성공이다! ★   특히 관광도시 제주, 그중에서도 국내 최고 호텔이 밀집해 있는 중문단지를 여행하면 귀하고 값진 공부가 될 것이다.

1. 제주 신라호텔 커피 한 잔 테이크아웃하여 중문 해수
욕장으로 산책을 가자. 중문단지 호텔을 이용하는 사람들의 프라이빗 비치
라고 해도 지나친 말이 아닐 만큼 인적이 드물고 풀에서 바닷가로 이어지는
산책코스드 근사하다. **2. 하얏트호텔** 로비에 서면 천장이 건물 꼭대기를 삥 둘러
있어 탁 트인 느낌이 든다. 저녁 뷔페에서는 푸짐한 해산물을 여러 가지 요리형태로 원 없
이 즐길 수 있고, 특산물인 귤이 넘치니 한두 개 애교 있게 먹어보자. **3. 제주 스위트호텔** 중문의
숨은 보물. 신라호텔 바로 옆에 있어 북적거리지 않고 상당히 깔끔하다. **4. 제주 롯데호텔** 면세점 구경도 좋지만 천
장이 높은 라운지에서 아침 햇살을 받으며 마시는 모닝커피 맛은 마셔본 사람만이 안다.

C★FE

자유영혼들의 필수코스, 홍대 카페 투어 대한민국의 절반이 넘는 사람들이 꿈꾸는 로망이 바로 카페를 차리는 것이다. ★ 카페 주인의 역할을 녹록하게 보면 큰코다치기 십상이다. 하지만 소호를 꿈꾸는 사람들의 1순위는 단연코 카페다. ★ 그만큼 카페는 사람들의 생활 속에 친근하게 자리 잡은 지 오래다. ★ 특히 홍대 골목골목마다 풍겨나는 커피향과 예쁜 카페들은 흡사 파리의 노천카페에 온 듯한 착각마저 들게 한다.

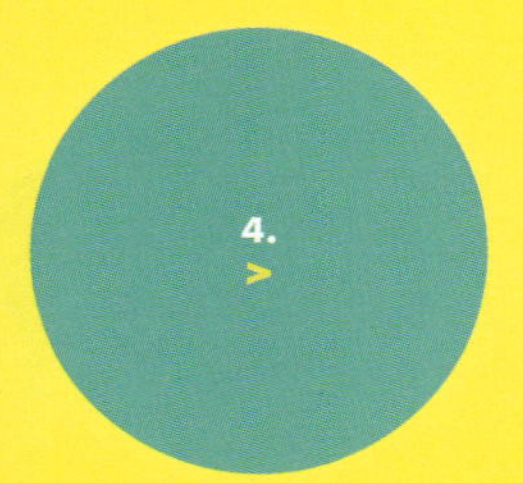

1. 올라리사 지금까지 먹어본 와플 맛은 모두 가짜라는 사실을 깨닫게 해주는 벨기에와플의 진수를 맛볼 수 있다. 주문하면 그제야 숙성에 들어가니 갓 구운 벨기에와플의 쫀득쫀득함이 마치 수제비를 먹는 듯한 착각까지 하게 만든다. 혹시 여기가 벨기에 아니었나! **(이용시간.** 11:30~24:30 │ **위치.** 홍대 롤링홀 골목에서 합정 방향으로 50미터) **2. 룸앤카페** 도쿄 골목에 있음직한 룸앤카페는 실제 가정집을 개조한 까닭에 여느 카페와 다른 느낌이 든다. 심플한 인테리어에 한 번 반하고, 귀여운 메뉴판에 또 한 번 반할 것이다. '콩다방', '별다방'과 달리 조용하게 이야기를 나눌 때 강추! **(이용시간.** 11:00~23:00 │ **위치.** 6호선 상수역 2번 출구) **3. 카페테리아 405키친** 405 Kitchen 직접 로스팅한 커피콩으로 변함없는 맛을 유지하는 405키친은 사이드 메뉴인 샌드위치가 별미다. 커피와 함께 즐기는 세트 메뉴는 웰빙식, 브런치식으로도 강추! 야외석, 좌식석 등 자리 종류도 다양해 연인이나 친구들과 모임하기에 안성맞춤이다. **(이용시간.** 11:00~02:00 │ **위치.** 홍대 주차장 로데오거리 바이더웨이 건너편에서 첫 번째 오른쪽 골목) **4. 제너럴 닥터** 들어는 봤나? 병원과 카페를 겸하는 이곳은 가정의학 관련 진료를 하기도 하지만, 닥터가 내려주는 근사한 원두커피 맛이 일품이다. 게다가 메뉴에는 영양만점 환자식이 있어 든든하게 먹고 나면 감기쯤은 한방에 날려버릴 수 있다. **(진료시간.** 09:00~19:00 │ **카페 이용시간.** 09:00~24:00 │ **위치.** 홍대 정문 앞 놀이터 옆골목) **5. 뮤지엄카페 aA** 앤티크 의자와 가구 전시장을 방불케 하는 카페 aA는 이국적 느낌의 카페로, 실제 몇 십 년은 기본이고 백 년을 훌쩍 넘긴 각종 지하철 문, 파리의 가로등 등 온통 구경거리 천지다. 천장이 높아 답답함이 훨씬 덜하고 야외 테라스도 근사하다. **(이용시간.** 10:00~23:00 │ **위치.** 홍대 삼거리포차 지나 요기 분식집 골목)

SKETCHMAP

1. 올라리사
2. 룸앤카페
3. 카페테리아 405키친 405 Kitchen
4. 제너럴 닥터
5. 뮤지엄카페 aA

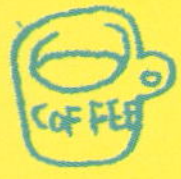

이 책에 소개되지는 않았지만
멋지고 개성있는
홍대 인근의 카페들

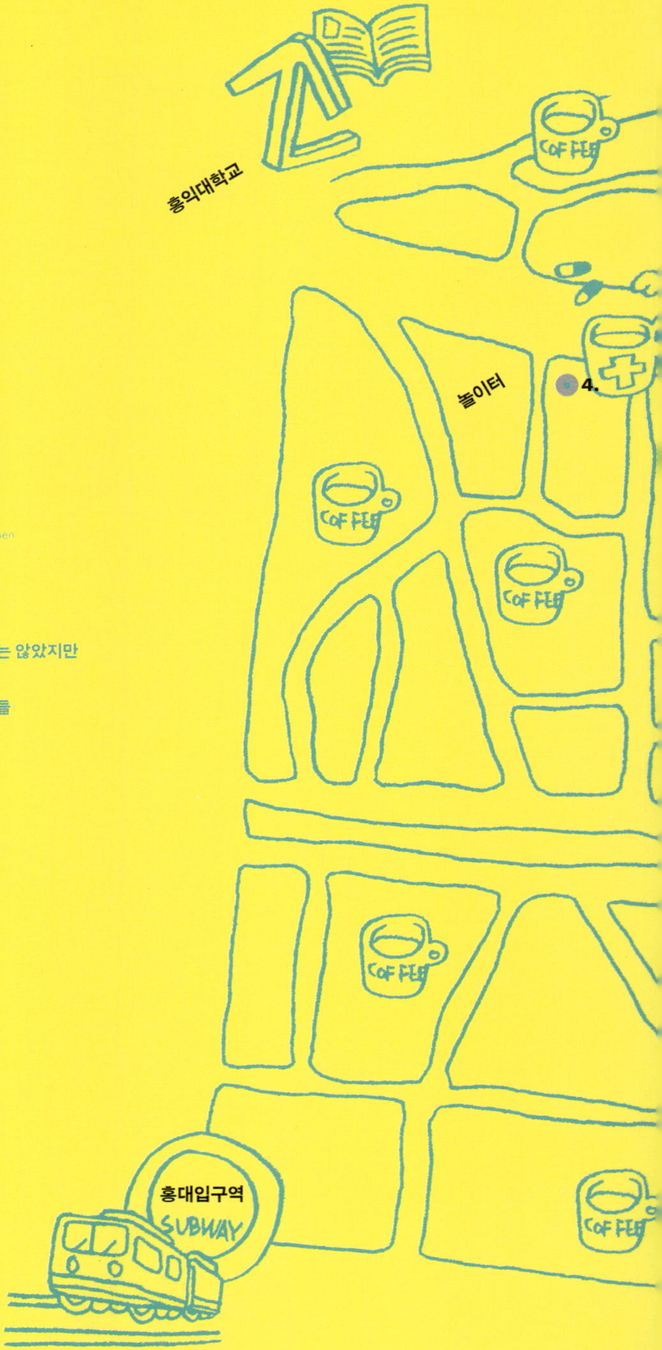

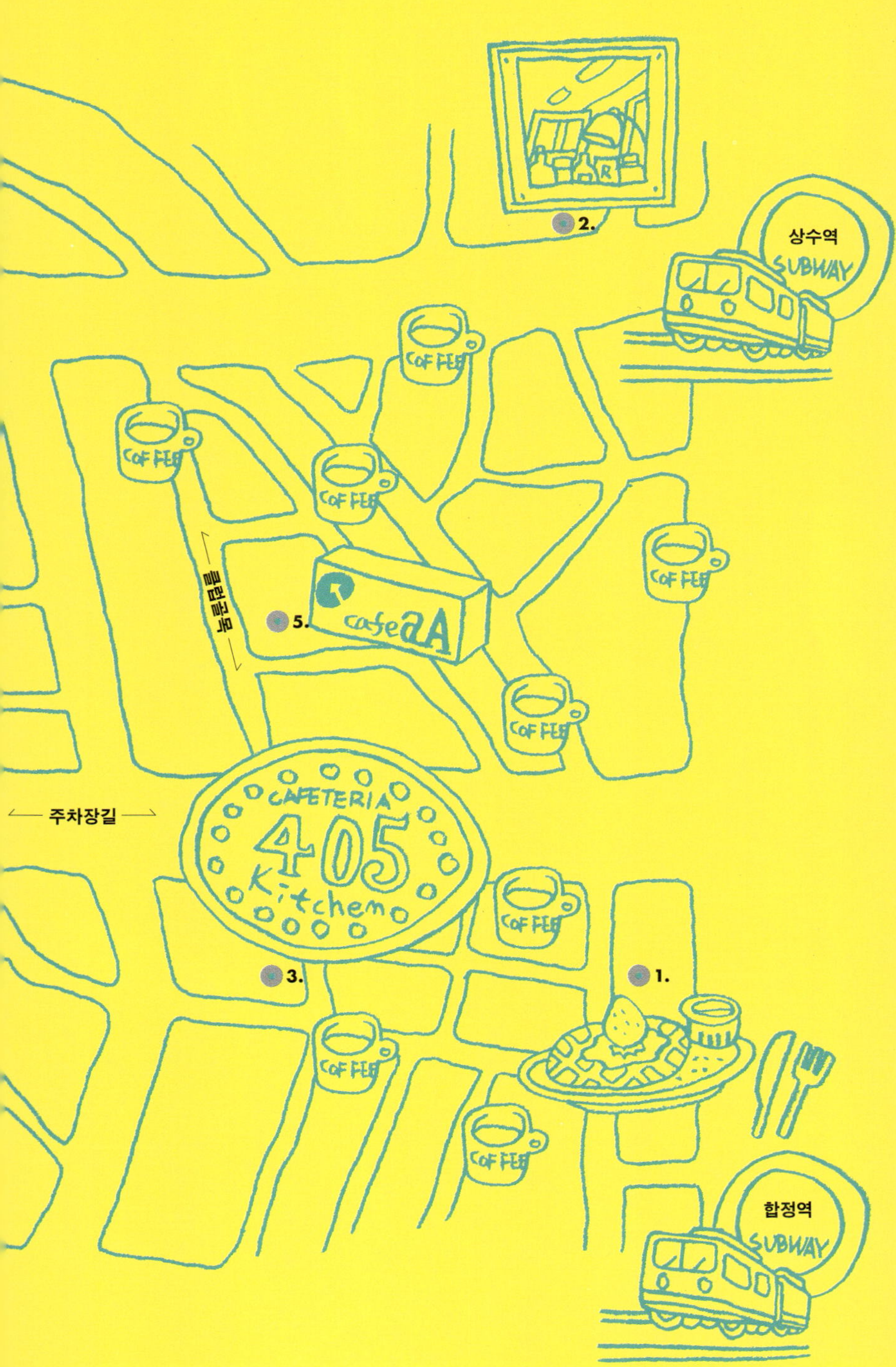

2.
상수역
SUBWAY
COFFEE
COFFEE
COFFEE
COFFEE
5.
cafe aA
COFFEE
주차장길
CAFETERIA
405
Kitchen
COFFEE
3.
1.
COFFEE
COFFEE
합정역
SUBWAY

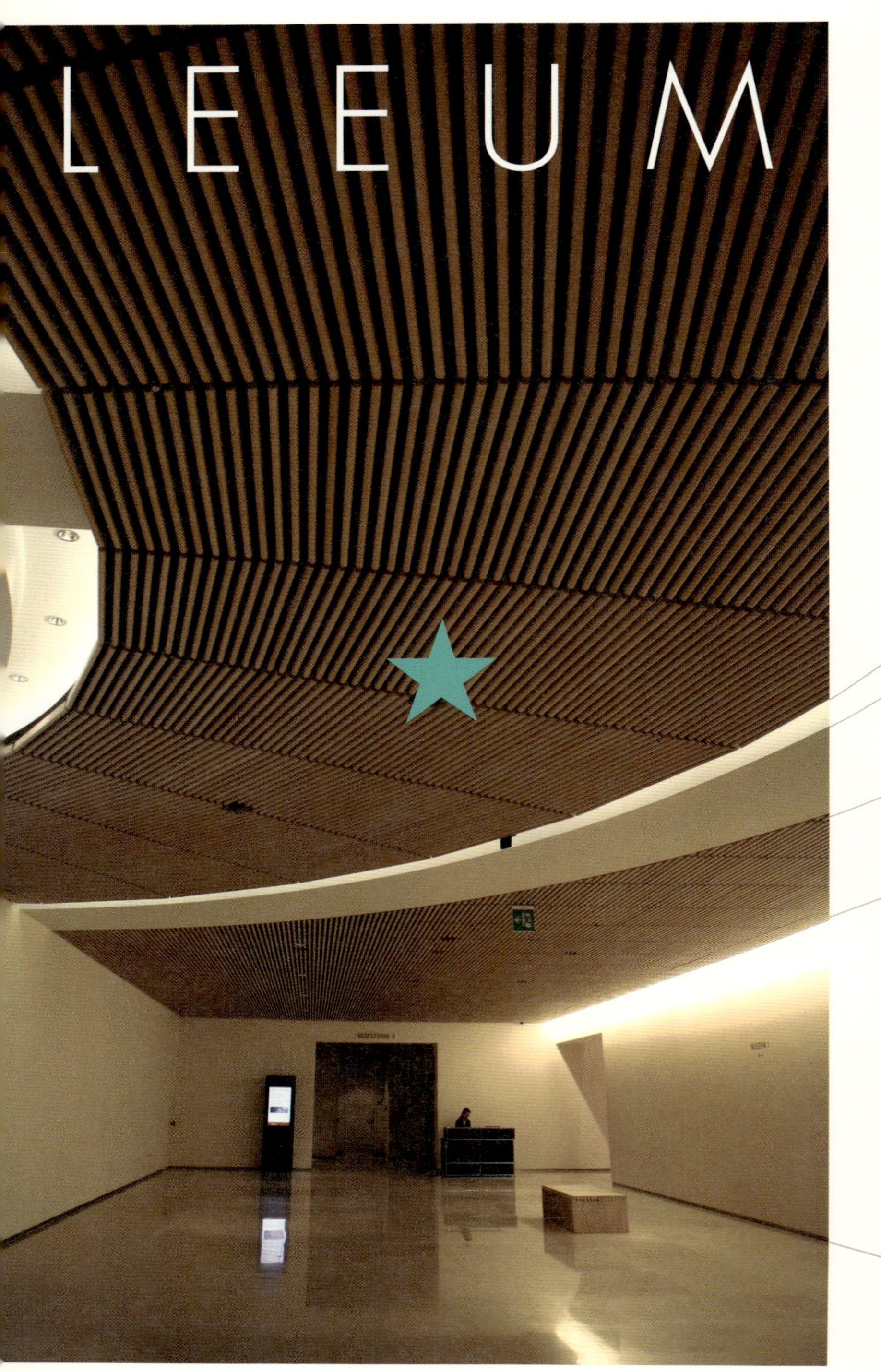

LEEUM

이용시간 ▶ 10:30~18:00(월요일 휴관) 위치 ▶ 지하철 6호선 한강진역 1번 출구

건축 대가들의 장인 정신, 삼성미술관 리움 박물관과 갤러리가 넘치는 유럽에서 자란 사람과 그렇지 않은 사람은 정서가 다르게 마련이다. ★ 큐레이터나 예술가를 꿈꾸는 이들에겐 국내 예술문화 부재가 심각한 문제겠지만 그럴수록 보고 느끼려는 적극적인 자세가 필요하다. ★ 먼 곳으로만 가려 하지 말고 주변 사정을 파악할 겸 근교의 미술관과 박물관을 부지런히 다녀보자. ★ 그중에서도 사립미술관 '리움'은 어떨까. ★ 작품 1만 5,000여 점을 전시한 리움미술관은 서울의 새로운 관광명소로 자리 잡았다. ★ 매튜 바니, 앤디워홀 등 세계적 예술가들의 작품 전시회가 꾸준히 열리니 수시로 드나들며 챙겨 보면 감식안은 쑥쑥 늘 것이다. ★ 선진국 미술관을 벤치마킹한 똑또기라는 디지털 가이드의 설명을 이어폰으로 들으면서 관람할 수 있다.

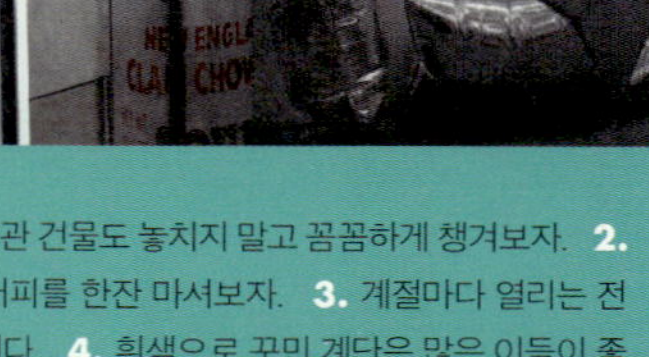

1. 세계적인 건축가가 창조한 미술관 건물도 놓치지 말고 꼼꼼하게 챙겨보자. **2.** 전시회 관람 중 로비 카페에서 진한 커피를 한잔 마셔보자. **3.** 계절마다 열리는 전시회는 메마른 정서에 단비를 내려줄 것이다. **4.** 흰색으로 꾸민 계단은 많은 이들이 좋아하는 공간이다.

똑또기로 안내를 받으며 감상해보자.

WILLIAM SHAKESPEARE

위치 ▶ 영국 잉글랜드 워릭셔 카운티 스트래포드 어폰 에이번 Stratford-upon-Avon

1.

까칠 여우들도 반한 동화마을, 영국 셰익스피어 생가　셰익스피어가 남긴 엄청난 작품은 둘째치고라도, 그가 존재하지 않았다면 현 시대 작가들은 누굴 본보기로 삼았을까. ★　에이번 강이 흐르는 헨리 거리에 자리 잡은 셰익스피어 생가에서는 상상을 초월하는 시간여행의 묘미를 제대로 누릴 수 있다. ★　그가 작품을 썼던 책상, 펜, 가구를 둘러보며 그의 일거수일투족을 머릿속에 그려보는 것만으로도 영혼에 새로운 충격과 자극이 될 것이다. ★　어쩌면 그의 창조적 글발과 기운이 당신 필력에 필 feel 을 제대로 줄지도 모른다. ★　파이널 골 트립은 이렇게 자신의 목표에 한 단계 가까워지기 위한 색다른 경험임을 기억하자.

1. 셰익스피어가 매일 아침을 맞이했던 침대. 그의 숨소리가 들리는 듯하다. **2.** 놀라울 만큼 잘 보존된 셰익스피어 생가 전경. **3.** 정원의 타고르 흉상. 인도 시인 타고르는 셰익스피어에게 바치는 시를 지어 그와 아주 특별한 인연으로 이곳에 함께하는 영광을 안았다. **4.** 집 앞 헨리거리도 덩달아 명소가 되었다.

회사 일에 상처 받고
지친 일상에 바치는
재충전 에너지

옛날 옛날에 토끼와 거북이가 살았대. 어느 날 깡충깡충 토끼와 엉금엉금 거북이가 경주를 하기로 하고 달렸는데, 저만치 앞서간 토끼가 여유를 부리며 낮잠을 자게 됐지. 그런데 갑자기 팽- 하는 소리와 함께 무언가 토끼 앞을 스쳐갔지. 깜짝 놀란 토끼가 결승점을 향해 뛰어갔지만 거북이에게 지 고 만 거야. 왜? 거북이가 닌자 거북이로 변신해서 번개처럼 달려갔거든. 게다가 그 토끼는 엽기토끼로 유명한 마시마로였다지! 한번쯤 웃고 지나가는 얘기지만, 그냥 웃고 넘길 일은 아니다.

토끼가 거북이에게 경주하자고 제안하고 거북이가 이에 응했을 때, 토끼는 한 번쯤이라도 심사숙고하며 결승점에 대해 고민했을까? 결승점까지는 출발점에서 대략 얼마인지, 그 거리를 제대로 달리려면 챙겨야 할 준비물이 무엇인지, 또 결승점에 도달해서 이겼을 경우와 졌을 경우에 대한 대비책을 미리 챙기는 등 노력을 했다면 경기 결과는 달라졌을 것이다. ● 하지만 토끼는 자신과 겨루는 라이벌이 눈에 보이지 않는다고 대책 없이 누워 쿨쿨 낮잠을 잤고, 잘 때도 알람을 맞춰놓는 치밀함이 있었을 리 만무하니, 어차피 토끼는 거북이보다 먼저 결승점에 골인하긴 글렀다. 거북이는 자신의 필살기인 닌자 변신을 치밀하게 준비했고, 토끼의 허점을 파고 들어가 낮잠을 자는 사이에 박차를 가했다. 계획성 있는 거북이는 자신의 목표점을 제대로 파악하고 상대를 미리 파악한 것이다. 그러니 한 수 앞선 거북이의 승리는 떼어놓은 당상이다.

이제 토끼와 거북이의 결승점이 아닌 당신의 결승점, 즉 인생의 목표를 살펴보자. 누구에게든 목표가 있다. 공부하는 학생이라면 대학에 들어가는 것이 최종목표가 될 것이고, 직장인이라면 자신의 부서에서 최고가 되거나 CEO가 되고 싶을 것이다. 이렇듯 누구에게나 현재 하는 일에 맞는 목표가 있다.

뚜렷한 목표가 없기 때문에 길을 잃고 헤매는 일이 많고 그러면서 자연스럽게 지치니 목표는 고사하고 현 위치를 지켜나가기도 힘겹다. 반면 목표가 정확한 사람은 시간을 완벽하게 컨트롤하여 한시라도 낭비할 틈이 없고, 자신이 해야 할 것과 취해야 할 것을 오차 없이 실행한다.

goal : **1.** 보통 노력·야심 등의 목적, 목표 ▶ one's goal in life 인생의 목표 ▶ 목표를 달성하다(achieve a goal) | **2.** 목적지 | **3.** 결승선 | **4.** 【스포츠】(특히 구기 종목에서) 골, 득점 장소, 골에 넣어서 얻은 득점 | 【럭비】드롭킥으로 득점하다 get[kick, make, score] a goal 한 점을 얻다, 득점하다 goal·less a.

물론 이 목표는 먼 미래가 아니라 단기간에 이룰 수 있는 것으로, 목표를 이루는 순간 기쁨을 누리고 안주하기보다 또 다른 목표를 향해 나아가는 식으로 끊임없이 이루고 또다시 나아가고 이루고를 반복한다. 여기서 목표를 'goal'이라고 하고, 최종목표를 'final goal'이라고 표현한다.

그렇다면 당신의 파이널 골은 무엇인지 한번쯤 짚어볼 때다. 아무 목적 없이 일하는 사람과 뚜렷한 목표를 두고 일하는 사람은 행동도 다르고, 열정도 다르고, 태도까지 분명히 차이 난다. 도대체 넌 뭐가 되려고 그러느냐는 핀잔과 비아냥거리는 소리를 자주 들었다면 틀림없이 목표가 없는 사람이다. **이런 경우 뚜렷한 목표가 없기 때문에 길을 잃고 헤매는 일이 많고 그러면서 자연스럽게 지치니 목표는 고사하고 현 위치를 지켜 나가기도 힘겹다.** ● **반면 목표가 정확한 사람은 시간을 완벽하게 컨트롤하여 한시 라도 낭비할 틈이 없고, 자신이 해야 할 것과 취해야 할 것을 오차 없이 실행한다.** 또 파이널 골을 잘 관리하는 사람은 자신의 목표를 무조건 크고 허황되게 잡기보다는 작고 소박하지만 구체적인 것으로 정하고 행하는 현실적인 추진력이 있다. 그러니 목표 달성 확률이 높고 치는 족족 홈런이다.

이런 구체적이고 목표 있는 여행을 '파이널 골 트립'이라고 한다. 분명 누군가는 "아니 여행 한 번 떠나는데 무슨 목표가 어쩌고 일이 어쩌고 해? 머리만 더 복잡해진다." 고 하겠지만, 부디 단면만 보지 말고 장기적인 안목으로 삶을 준비하는 자세를 가져보자. 그저 먹고 자고 노는 것이 여행이라면 남는 것도 없고 후유증만 얼마나 크게 파도칠지 따져보자. ● 어차피 떠날 여행이라면 현재의 자리에서 더욱 흥미롭게 즐길 수 있고, 잘하는 것은 더욱 극대화할 기회를 제공하니 이를 마다할 이유가

없다. 일러스트를 전공하는 졸업반 학생이라면 어학연수보다는 유서 깊은 도시에 가서 보이는 것을 모두 스케치로 담아오는 여행이 더 의미 있을 것이고, 세계적인 셰프를 꿈꾸는 사람이라면 패키지여행을 택하기보다 제이미 올리버가 운영하는 런던의 피프틴 레스토랑에서 직접 한 끼 식사를 해보는 것이 훨씬 효율적일 것이다. 또한 디자이너가 꿈인 사람은 디자인의 도시를 찾아 아이디어를 구상하고 자기만의 색다른 컬러를 찾는 등 짜릿한 쾌감이 느껴지는 백만 달러짜리 여행을 하기를 추천한다.

이처럼 자신의 꿈과 목표를 자극하고 열정까지 키울 수 있는 파이널 골 트립은 많은 이들이 답습하는 패키지 스타일 투어나 요즘 뜨는 여행지로 무조건 떠나는 선택투어와는 차원이 다르다. **식상한 여행에서 한 차원 더 입체적인 스타일 여행을 즐기고 한 뼘 더 성장해 돌아올 수 있는 프리미엄급 여행을 원한다면 파이널 골 트립으로 승부하라. 작고 구체적인 당신의 여행 목표, 미션 파서블!**

★ 이런 분들, 파이널 골 트립을 강추합니다!!! ★

 출퇴근길에 까닭 없이 한숨만 푹푹 내쉬는 사람  내 파이널 골은 '대박', '로또'밖에 없다고 외치는 사람  소심한 A형으로 허구한 날 눈치만 보는 사람  대소변을 명확히 하지 못하고 우유부단의 극치를 달리는 사람

TRIP ★★★ PARTNER

완벽한 휴식을 위한 믿음직한 동반자, 파이널 골 트립 파트너

**축축한 잉크에
젖어드는
나만의 서약**

만년필 만년필은 단순한 필기도구일 뿐 아니라 어렵게 손에 익혀 동화되는 과정을 만끽하기 좋은 파트너다. 파이널 골 트립에서 경험하고 느낀 모든 것을 기록하는 데 만년필은 최고의 여행 동반자가 될 것이다!

**여행, 추억
그리고 향수**

기념엽서 여행지에서 몇 장의 기념엽서를 준비했다가 하루를 마감하며 자신에게 엽서 한 장을 보내보자. 한 단어라도 좋으니 각오든 다짐이든 적어서 꼭 보내보자. 일상으로 돌아와 여행지에서의 추억이 잊혀질 때쯤 자신이 보낸 엽서를 받는 순간 그곳에서의 추억이 눈앞에 펼쳐질 것이다.

**최종목표에 골인한
나에게 보내는
영상캡슐**

캠코더 파이널 골 트립을 다니다 마음에 드는 장소에서 캠코더를 켜두고 자신에게 영상편지를 보내며 마음을 다져보자. 작은 다짐, 이루고자 하는 목표를 또박또박 읊조리며 녹화한다. 여행에서 돌아와 그날의 다짐과 목표가 담긴 영상캡슐을 열어보자. 한 뼘 더 성장한 자기 자신이 대견하리라. 캠코더 대신 동영상 기능이 뛰어난 콤팩트 디지털카메라와 기타 촬영장비 모두 가능하다.

여행 어댑터의 진화

트래블 어댑터 여행 중 가장 아쉬운 것이 바로 어댑터이다. 디지털제품이 진화하면서 여행 필수품이 된 로밍 폰, 디카, 노트북 외에 다양한 미니가전이 여행품목에 가득하지만, 정작 나라마다 다른 전압을 떠올리면 뒷골 당긴다. 이때 트래블 어댑터 하나만 있으면 지구촌 어느 곳에서도 당당하게 플러그를 꽂고 행복해 할 것이다. 특히 '디지털 돼지코'는 비자보다 먼저 챙기자.

**이국적 향수가
물씬**

벼룩시장 전리품 여행자라면 누구나 중고품이나 앤티크제품에 열광해본 경험이 있을 것이다. 유럽에서는 주말이면 공원이나 광장에서 필요한 물건을 바꾸거나 사고 파는 벼룩시장이 인기폭발이다. 게다가 눈썰미 좋고 손발 빠른 사람은 귀한 제품을 아주 싸게 거머쥐기도 하고, 윙크 한 번에 세일, 미소 한 번에 절반 값이 되는 행운까지 얻을 수 있다. 여행지에서 만나는 벼룩시장에 발걸음을 멈추고, 당신의 추억을 배로 값지게 만들어줄 싸고 센스 있는 물건을 반드시 쇼핑하라. 수집광이라면 더더욱 강추!

City
trip

DUN TON HILL
达士積山

Style And The City, 싱가포르   싱가포르는 다국어를 사용하고 다민족, 다문화가 혼용된 세계 최고의 도시국가이다.   ★   서울과 비슷한 크기에 인구 300만 명가량의 아담한 섬나라지만, 세계 최고의 그린도시로 찬사를 받을 만큼 깔끔하고 깨끗하다.   ★   껌을 씹거나 화장실에서 물을 안 내려도 범법행위로 간주되니, 깐깐한 도시녀에게는 더할 나위 없는 워너비 도시이다.   ★   19세기에 영국의 지배를 받은 싱가포르는 이국적인 서양의 매력을 그대로 유지하고 있다.   ★   또 최고급 호텔과 쇼핑 타운, 거대한 빌딩숲이 둘러싼 도시 자체가 엔터테인먼트 기구다.   ★   지하철 하나로 명소들을 가볍게 섭렵할 수 있을 뿐 아니라 다민족 국가인 만큼 먹을거리도 두 배, 즐길 거리도 두 배이다!   ★   더욱이 외국 도심지가 가끔 저녁문화 부재로 배신감을 느끼게 하는 것과 달리 올빼미족을 즐겁게 해줄 밤에 즐길 거리 또한 차고 넘친다. 이제 마음의 준비 단단히 하고 싱가포르로 날아가보자.

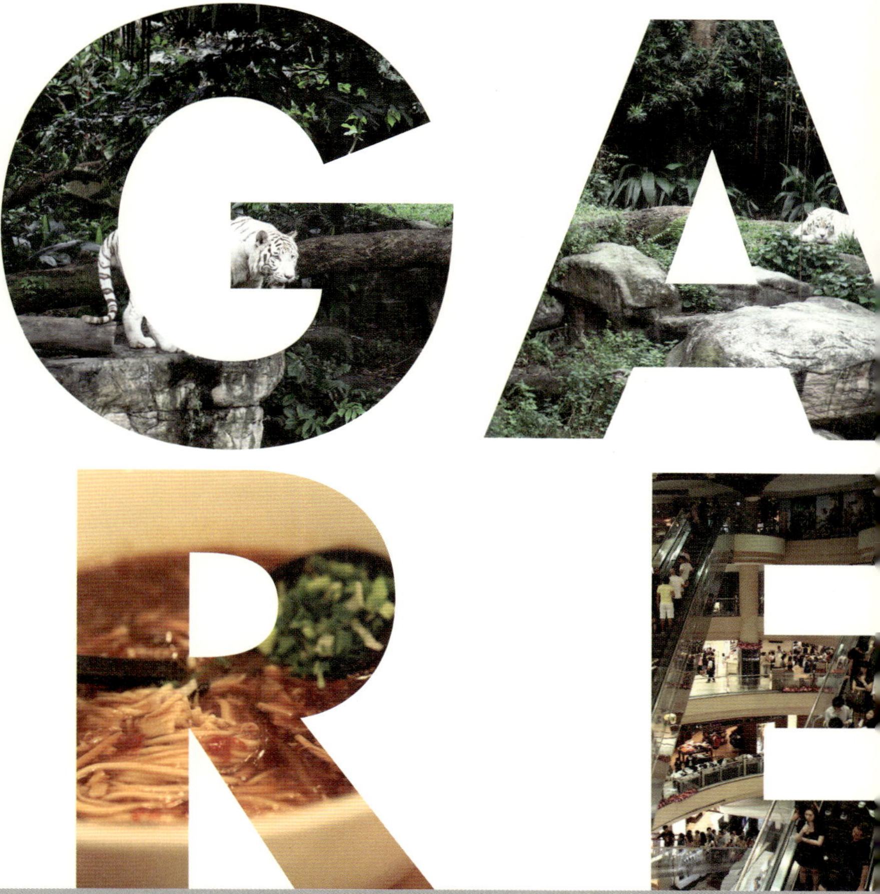
GA
RE

NIGHT SAFARI
SINGAPORE

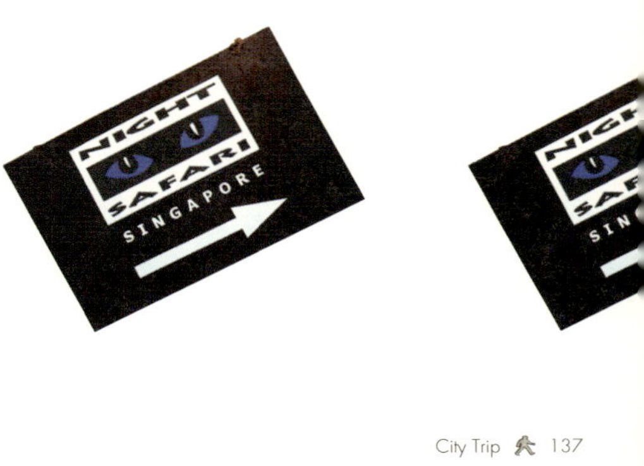

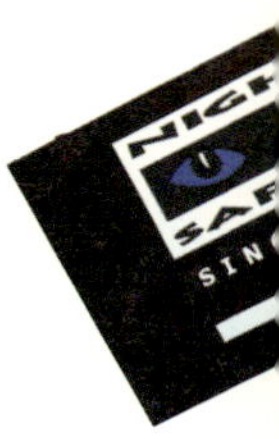

1. 오차드 로드 Orchard Road 오차드 로드를 빼고 싱가포르를 논할 수 없다. 호텔이 밀집한 이곳에서는 명동보다 훨씬 화려한 쇼핑몰과 카페, 레스토랑이 몰려 있어 쇼핑족들의 천국이다. **2. 길거리 음식** 길에서 파는 먹을거리도 아주 청결하니 안심하고 즐겨도 좋다. 게다가 입맛이 즐거운 먹을거리가 거리마다 즐비하니 놓치지 말자. **3. 보타닉 가든** Botanic Garden 도심 한가운데 이렇게 규모가 큰 식물원이 자리 잡고 있는 곳이 또 있을까! 말이 식물원이지 아마존 밀림을 그대로 옮겨놓은 듯 울창한 나무들과 열대식물에 온몸이 절로 상쾌해진다. 현지인들의 아침 운동 코스라 하니 여행

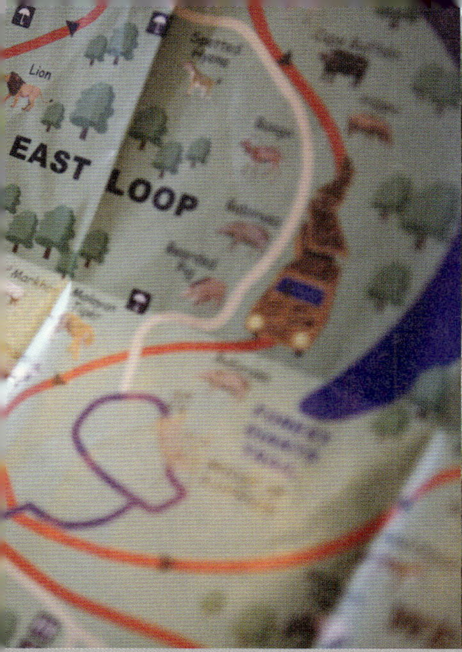

4.

5.

중 아침 조깅은 이곳에서 해볼까? (**위치.** MRT 오차드 Orchard 역) **4. 나이트사파리** 한밤중에 야생동물이 사는 숲 속을 탐험하는 기분은 어떨까? 오싹하지만 색다른 즐거움을 만끽할 수 있을 것이다. 여기 진짜 도시 맞아? (**위치.** MRT 앙모키오 Ang Mo Kio 역에서 138번 버스) **5. 싱가포르동물원** 사파리 바로 옆에 있는 싱가포르동물원 Singapore Zoo 도 필수코스! 철창에 갇힌 우리네 동물과 비교하니 이곳 동물들은 럭셔리 호텔에 거주하는 셈이다. 직접 확인하시라. (**위치.** MRT 앙모키오 역에서 138번 버스)

6. 래플스호텔 Raffles Hotel 마이클잭슨, 마돈나 등 세계 유명 인사들이 묵었다는 최고급 래플스호텔은 외관만 봐도 충분히 아름답다. 호텔에 연결된 쇼핑 아케이드는 눈요기하는 것만으로도 충분히 행복한 경험이 된다. (**위치.** MRT 시티홀 City Hal 역) **7. 보트키** Boat Quay 근사한 싱가포르 야경을 바다와 함께 감상할 수 있는 노천식당가이다. 마음에 드는 집을 골라 시원한 생맥주에 칠리크랩 하나 곁들이면 이곳이 바로 천

국이로세. **(위치.** MRT 래플스 플레이스 Raffles Place 역) **8. 세일! 세일!** 메가톤급 세일을 사시사철 하니 잘 고른 상품 하나 평생 효자노릇한다. **9. 노천카페** 어느 곳에나 즐비한 노천카페에서는 맛있는 커피를 즐길 수 있고, 까다로운 미식가들의 입맛을 만족시키는 다국적 음식이 있으니 대만족이다. 국가 전체에 인터넷 시스템 이 잘 발달된 만큼 편리한 디지털 생활도 365일 굿!

1년 내내 테마 가득한 호텔 패키지 시티 투어　여기서 말하는 호텔 패키지는 외국여행시 선호하는 호텔 패키지가 아니라 순수 국내 호텔 패키지이다. ★ 즉 1박 기준으로 다양한 혜택을 누리며 평소 호텔 숙박비보다 훨씬 싼 가격에 즐기는 프로그램을 의미한다. ★ 패키지 여행은 짧은 시간에 도심에서 알차게 즐길 수 있도록 휴가철이나 연말 등 특별시즌에만 운영됐지만 이제는 1년 내내 다양한 테마를 내세워 색다른 패키지를 제안한다. ★ 호텔이 위치한 지역적 특성을 살린 패키지에는 가까운 공연장에서 볼 수 있는 뮤지컬이나 영화 티켓이 포함되기도 하고, 시즌별 특성을 살려 밸런타인 패키지, 서머 패키지, 스파 패키지 등이 업데이트되기도 한다. ★ 호텔 시설인 수영장이나 헬스클럽, 스파 등을 무료 또는 할인된 가격으로 만끽할 수 있고, 패키지에 따라 증정되는 선물 또한 쏠쏠한 재미를 주니 시티 트립이라면 이 정도는 되어야 하지 않을까? ★ 시간 여유가 있다면 제주나 부산 등 지방 호텔 패키지를 이용해도 절대 후회하지 않으리라.

H★TEL
PACKAGE

1. 이왕이면 다홍치마라고 했던가! 조식 포함으로 선택해 아침 뷔페를 럭셔리하고 여유 있게 즐겨보자. 다디단 아침잠을 놓치기 싫다면 룸서비스로 요청해보자. **2.** 룸에 구비된 여러 종류의 티와 커피도 호텔의 격에 맞는 럭셔리급이다. 놓치지 말고 느긋하게 낮잠 자기 전에 한 잔씩 마셔보자. **3.** 호텔의 실내외 수영장은 무료인 경우가 많다. 간혹 반값에 누릴 수 있으니 몸도 가뿐하게 풀 겸 수영으로 마음을 힐링해보자. 유리를 통해 내려다보이는 도심 야경은 한 폭의 멋진 그림이 된다. **4.** 체크인 후 화장대를 잘 정리정돈하거나 짐 가방에서 옷을 꺼내 옷장에 걸어두면 호텔이 내 집처럼 편안하게 느껴질 것이다. **5.** 라운지에서 테이크아웃 커피 한 잔 들고 드라이브를 나서거나 호텔 주변의 가까운 산책로를 찾아보자. 커피향과 어울릴 만한 숨은 장소들이 제법 많다. **6.** 늦은 저녁 시간 바에서 칵테일을 한 잔 하며 외국인 공연단의 공연을 보고 있노라면 일상에서 해방된 느낌이 들 것이다. **7.** 깜찍한 블라블라 인형이나 테디베어 인형이 포함된 패키지. 기념품으로 간직하기에 안성맞춤이다.

YEOJUP
YEOJU OUT

YEOJU
PREMIUM OUTLETS

YEOJU
PREMIUM OUTLETS

여심을 사로잡는 값싼 명품천국, 여주 프리미엄 아울렛　　외국 여행길에서 처음 프리미엄 아울렛을 경험한 사람들은 규모나 스타일이 여느 쇼핑몰과는 비교가 안 되는 이국적인 쇼핑몰에 입이 쩍 벌어졌던 적이 있을 것이다.　★　특히 미국에 점포를 35개나 둔 프리미엄 아울렛은 아예 여행 코스에 들어 있을 만큼 명소로 자리 잡았다.　★　이러한 프리미엄 아울렛이 우리나라 여주에 상륙해 큰 인기를 모으고 있으니 시티족에게 쇼핑의 메카로 강력 추천한다.　★　아울렛이라고 해서 모두 싸구려 물건을 창고처럼 쌓아두고 파는 것이 아니다. 고가 브랜드 상점이 즐비하고 이월상품, 진열상품, 샘플상품 등을 시중보다 대폭 할인된 가격으로 판매하니 알뜰한 브랜드 선호자들은 후끈 달아오를 것이다.　★　아울렛 매장이 대부분 대도시에서 한 시간이나 한 시간 반 남짓한 곳에 있듯, 프리미엄 아울렛 또한 서울에서 1시간 반 정도 달려가 한적한 곳에서 쇼핑다운 쇼핑을 즐길 수 있게 해놓았다.　★　쇼핑몰 규모가 백화점 크기로 엄청 넓기 때문에 만만하게 봤다간 큰코 다친다.　★　계획적으로 이동하면서 구경하되 마음에 드는 물건은 그때그때 질러야 하며, 나중에 다시 와서 살 수 있으리라는 헛된 기대는 하지 말아야 한다.

YEOJU
PREMIUM OUTLETS

이용시간 ▶ 10:00~20:00(하절기에는 1시간 연장)
위치 ▶ 경기도 여주군 여주읍

HALFPRICE
AJ | AR
JE
평소 마음에 두었던 물건이 여기선 반값! 우와. 바로 이거야!

1. 복잡한 도심 백화점이 아니라 사방이 시원하게 트인 곳에서 한가롭게 쇼핑하니 색다른 기분이 난다. 그래, 쇼핑은 이 맛에 하는 거야. 2. 금강산도 식후경이라 했다. 푸드코트와 레스토랑, 카페가 있으니 행복한 포만감 속에서 쇼핑을 즐겨보자. 의외의 가격으로 득템할 수 있으니 두 눈 부릅뜨고 다녀보자. 3. 안내도를 쭉 훑어 갈 곳들을 체크하고 움직이면 시간을 훨씬 절약하며 구경할 수 있다. 4. 외국 쇼핑몰로 착각할 만큼 이국적인 첼시 프리미엄 아울렛 전경

<u>휴일에도 똑똑하게 놀자, 용산 국립중앙박물관</u>　먹고사는 일에 바빠 휴가철에나 잠깐 숨을 돌릴 수 있다고 한숨짓는 그대여.　★　이제 시도때도 없이 도시 여행자가 되어 맘만 먹으면 언제든 떠날 수 있는 시티 트립 세상으로 오라.　★　서울 중심에 터줏대감처럼 자리 잡은 국립중앙박물관을 여행지로 손꼽는 경우는 드물다. 하지만 그곳에 가면 왜 이제야 왔지 하는 후회가 들 정도로 볼거리들이 풍성하다.　★　2005년 용산으로 옮긴 국립중앙박물관은, 전통을 살리고 현대적인 인테리어와 인터페이스를 가미해 기존 박물관과 완전히 차별화했다.　★　남향에 배산임수로 지어서 로비에 들어선 순간 하늘에서 내리쬐는 햇살은 여느 외국 박물관과 비교해도 손색이 없다.　★　전시실은 역사관, 고고관, 아시아관 등 짜임새 있게 구성되어 있지만, 동선을 잘 짜서 움직여야 할 만큼 넓고 방대하다.　★　전통찻집, 카페, 뮤지엄숍 또한 쏠쏠한 구경거리가 많으니 빠뜨리지 않고 섭렵해보자.　★　비 오는 날에도 부담 없이 떠날 수 있고 운치까지 더하니 시티 트립의 진수를 맛볼 수 있다.

1.
2.
3.
4.

1. 자연채광을 도입한 로비와 1층 복도에서 누리는 햇살샤 워는 가히 수준급! **2.** 2, 3층에서 내려다보이는 풍경은 병 풍 속 그림처럼 근사하다. **3.** 컬러풀한 색감이 눈길을 끄 는 카페에서 차 한 잔의 여유를 즐겨보자. **4.** 전통찻집에 서 즐기는 차, 녹차빙수 등은 외국 박물관에서 만날 수 없는 특별 서비스! 그리고 전시실에서 플래시를 끄면 유물과 다 양한 문화재 사진을 얻을 수 있다.

디지털시대의 박물관. 어디서나 전시관 정보를 서핑 할 수 있다. 영상, 음성안내기 PDA, MP3로 첨단 전 시안내 서비스를 받을 수 있다.

ART

밤에 더욱 판타지한 도심 속 종합예술 핫 플레이스, 예술의 전당 개관 20주년을 맞이한 예술의 전당은 '뷰티풀 라이프'라는 슬로건을 내세우고 복합문화예술센터로 자리매김하고 있다. ★ 공연이나 전시를 보려고 누구나 한 번쯤 가봤을 예술의 전당. ★ 그러나 공연이나 전시회가 아닌 예술의 전당을 꼼꼼히 살피며 둘러보는 기회는 거의 없었을 것이다. ★ 여행자 시각으로 둘러보는 예술의 전당은 다른 느낌으로 다가올 것이고, 미처 깨닫지 못했던 세세한 부분까지 되돌아보게 될 것이다. ★ 오페라하우스와 한가람미술관 등 전시관과 공연장만 떠올리지 말자. ★ 콘서트홀의 야외 '카페 모차르트의 파라솔' 그늘에서 음악의 여유를 즐기고, 분수 뒤쪽으로 이어지는 오솔길에서 연못과 작은 폭포를 만나면 자연 속 음악회가 따로 없을 것이다.

1. 클래식 음악에 맞춰 진행되는 분수 쇼는 밤낮으로 즐길 수 있는 예술의 전당만의 볼거리다.   2. 눈에 잘 띄지 않는 예술의 전당 깊은 곳에 숨겨진 보물정원. 산책로를 따라 오르면 자유로운 녹음 세상이 펼쳐진다.   3. 모차르트 노천카페에서 햇살과 바람을 맞으며 여유를 즐겨보자.   4. 우면산으로 이어지는 산책로 초입에는 잔잔한 호수 우면지가 있고, 그 뒤로 시원한 물줄기가 쏟아져 내리는 폭포가 이어진다.   5. 오페라하우스와 한가람미술관, 한가람 디자인미술관 등 예술의 전당을 한꺼번에 둘러보는 투어는 신나는 경험이 될 것이다.

까칠한 도시 생활자를 위한 시크한 시티 투어

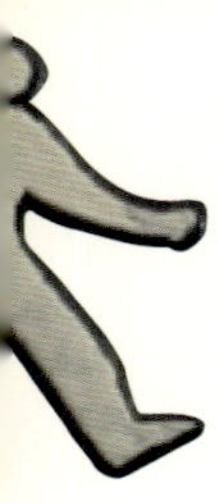

집 이 아흔아홉 칸이나 되는 최 대감댁에서 머슴을 뽑는다고 치자. 아흔아홉 칸을 모두 주관할 머슴이라면 유능해야 한다. 머슴의 본분으로 치면 일단 흰쌀밥만 먹여주면 무슨 일이든 거뜬하게 처리할 만큼 뱃심과 뚝심이 있어야 하는데 사람의 욕심이 어디 그것뿐이랴. ● 이왕이면 보기 좋은 이두박근에 삼두박근은 물론이요, 배 한복판에 거침없는 왕자 하나 박혀 있다면 더욱 좋고, 산적처럼 거친 외모보다 훈남이면 더욱 좋겠다. 게다가 매너도 좋고, 제 할 일 알아서 척척하고 가끔 우스갯소리도 할 줄 아는 유머까지 갖췄다면 이력서 안 보고도 바로 채용할 것이다. 여기에서 최근 트렌드인 컨버전스 convergence 와 다이버전스 divergence 를 엿볼 수 있다. 복합, 융합이라는 뜻인 컨버전스는 한 디지털기기에 복합적인 기능을 담아 한 번에 여러 가지 용도로 쓸 수 있게 만들어 편리함을 강조한 것이다. 프린터로 복사에 팩스까지 보낼 수 있는 복합기, 전화도 하고 음악도 듣고 사진도 찍는 휴대전화 등이 바로 이런 현상에 따라 만들어진 대표적인 제품이다. 반대로 다이버전스는 원래 기능에 충실하게 그 기능만 강조하여 '단품'으로 만든 것으로, 지나친 컨버전스 현상 때문에 원점으로 돌아가고 싶어 하는 많은 이들의 성향을 반영한 뉴 트렌드다.

이처럼 우리가 추구하는 여행에도 예외 없이 컨버전스 열풍이 불어닥쳤다. 그래서 배낭여행이라는 이름으로 무거운 배낭 메고 돈 아껴가며 고생고생하면서 무조건 많이 돌아다니는 것을 미덕으로 여겼다. 한편으론 길에서 사람을 만나 인정을 느끼고 의외의 경험을 덤으로 하니, 휴의 의미와 더불어 인생 공부까지 곁들이는 컨버전스 스타일의 여행 말이다. 주말에 잠깐 다니는 도깨비 여행은 긴 휴가만 맛이 아니라 주말을 활용하여 잠깐 알차게 놀고 즐기는 스타일로 이 또한 많은 직장인이 선호한다. ● 하지만 여행 문화가 일상과 맞물리면서 여행에도 이제 서서히 다이버전스 바람이 불고 있다. 즉 도시를 무대 삼아 일상을 뛰어다니다 보니 후천성 시티유전자를 갖춰 도시를 떠나는 것을 그리 달가워하지 않는다. 고로 여행 다이버전스의 시대다.

철저하게 한 가지만을 고집하여 오직 도시만을 즐기겠다는 시티족들의 새로운 경향
이다.　　　●　　　나이 들면 자연으로 돌아가 말년을 마무리하겠다며 전원을 찾아 떠
났던 실버 세대마저 도시로 귀환하고 있는 것 또한 시티족이 늘고 있다는 증거이다.
푸른 숲, 맑은 실개천을 꿈꾸며 귀향했지만 막상 물건 하나 사러 나가려 해도 자동
차를 타야 하고, 갑자기 몸이 아파도 병원 찾기가 하늘의 별따기이다. 도시에 길들여
진 사람들이니 당연히 도시로 회귀할 수밖에 없는 모양이다. 그러고 보면 모든 것이
잘 갖춰진 도시는 분명 매력이 넘치는 곳이다.

그래서 이번에는 집처럼 편안하고 익숙한 도심에서 평소 누리지 못했던 휴를 찾아
즐길 대안여행을 제안한다. 낯선 곳에 잘 적응하지 못하거나 적응기간이 오래 걸리
는 사람은 떠나기를 포기하고 평소 하던 대로 시간을 죽이며 지내는 안쓰러운 휴가
를 선택한다. 게다가 컴퓨터를 자유롭게 사용하지 못하거나 휴대전화, 각종 디지털
장비와 이별하는 순간 금단증상까지 겪는다면 더더욱 도시를 벗어날 엄두를 내지
못할 것이다. 또 아침마다 마시는 에스프레소 한 잔, 한낮에 다이어트식으로 즐기는
베지터블 샌드위치, 퇴근 후 들르는 헬스클럽의 러닝머신 같은 달콤한 유혹은 어지
간해서 포기하기 힘들다.　　　●　　　정통 시티 트립은 이 모든 것을 한번에 해결할 수
있게 해준다. 이제부터 꼼꼼하게 체크해 도시를 철저히 곱씹으며 즐겨보자.

먼저 세계의 유수도시를 탐방해보는 것도 좋다. 쾌적하면서 세련된 대표 도시들은
대부분 도시의 매력은 매력대로 물씬 풍기면서 이제껏 경험했던 것과 확연히 차이
나는 이국적인 분위기가 넘쳐흐른다. 홍콩, 방콕, 싱가포르, 도쿄, 뉴욕, 런던, 시드니
등 각 나라를 대표하는 도시를 타깃으로 떠난다면 100퍼센트 만족할 것이다.　　●
최근 유행 트렌드로 급부상한 국내 호텔 패키지는 시즌에 따라 다양한 테마로 구성
돼 시간과 경제면에서는 알뜰하게, 경험과 추억 면에서는 풍성하게 누릴 수 있어 연
인끼리, 친구끼리, 가족끼리 버라이어티한 휴가로 좋다.

이렇게 시티 트립을 즐기면 일상으로 돌아왔을 때 후유증이 적고, 빠르게 원상복귀할 수 있으며, 같은 도시지만 경험하지 못한 미개척 분야를 알게 되어 새삼 자신의 자리를 더욱 소중하게 느낄 수 있다. ● "나는 주말 칵테일파티와 샘플 세일을 즐길 수 있었던 그 시간, 남북전쟁 때 지어진 오두막에 갇혀 있었다." 미드 〈섹스앤더시티〉 주인공 캐리의 내레이션이다. 남친이 새로 개보수한 시골 숲 속 별장에 마지못해 끌려간 그녀가 몸서리치며 되뇌는 독백이다. 뉴욕이라는 도시를 신이 내린 별천지라고 극찬하는 그녀에게 컨트리풍 여행은 있어서도 안 되고 있을 수도 없는 일이다. ● 캐리처럼 땅을 치며 후회하지 말고 당신이 꿈꾸는 당신만을 위한 맞춤도시를 찾아라. 도심의 숨겨진 명소를 골라 다니며 쏙쏙 뽑아보는 재미를 누려도 좋다. 시티 트립은 시티족인 당신이 누릴 최고의 선물이다.

주 5일제에 적응하지 못해 주말마다 '방콕'과 '방굴라데시'에 가는 사람 손에 휴대전화나 마우스 없이 단 한 시간도 못 견디는 디지털리언 전원생활은 엄두도 못 내는 선천성시티증후군 환자 시간에 쫓겨 여유 있는 휴가는 꿈도 못 꾸는 사람

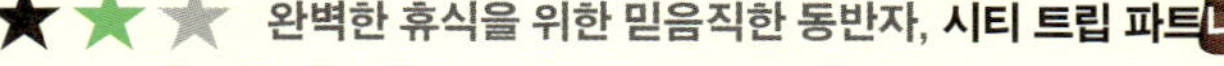

T R I P

★ ★ ★ 완벽한 휴식을 위한 믿음직한 동반자, 시티 트립 파트너

PARTNER

**혼자만의
시네마 천국**

영화 DVD. 좋아하는 DVD 몇 편을 골라가자. 호텔 룸에 구비된 최신식 홈시어터로 즐기는 영화는 사운드 좋고, 화면도 커 감동은 배이다. 도시를 떠날 순 없어도 영화로 떠나는 색다른 여행을 즐겨보자!

**세상에서 가장
편안한 패션**

파자마 세상에서 가장 편한 파자마를 입고 은은한 호텔방 스탠드 불빛 아래서 늘어지게 숙면을 취하는 것도 시티 트립의 장점이다. 그도 아니면 평소 입고 싶었던 예쁜 파자마를 구입해서 가는 건 어떨까! 긴장이 확 풀리도록 따뜻하게 목욕한 뒤 편한 파자마를 입고 꿈나라로 GO~GO! 근사한 꿈 한판 부탁해요!

**손 안의
만능통역사**

전자사전 편리한 전자사전 하나면 어디서건 의사표현을 할 수 있다. 단어만 많이 알아도 대화가 급진전한다는 사실을 아는가! 영어뿐만 아니라 다국어사전 기능까지 겸비한 섹시한 전자사전은 유능한 여행 파트너다.

**So Hot!
아날로그의 로망**

로모카메라 물감을 풀어놓은 듯한 진한 필름사진의 매력을 즐기려면 러시아 스파이가 주로 사용했다는 로모를 챙겨가자. 파인더를 보지 않고 엉덩이 높이에서 그냥 눌러도 좋고, 팔을 길게 뻗어 셀프로 찍어도 좋다. 어두우면 어두운 대로, 밝으면 밝은 대로 근사한 이미지를 저장하는 로모는 여행자의 효도 필수품이다. 여행 스파이가 되어 낯선 여행지를 로모스럽게 담아보자.

**스케치북으로
만나는 도시**

루이비통 여행용 노트북 루이비통은 월급으로는 살 꿈도 못 꾸는 비싼 가방이라고 생각하면 큰 오산이다. 명품브랜드마다 '어라, 이런 것도 나오네?' 싶은 의외의 아이템이 있다. 루이비통의 여행용 노트북이 바로 그것이다. 세계 도시별로 출시된 노트북으로, 컬러풀한 수채 일러스트가 곁들여져 평소에도 한 권 갖고 있으면 좋을 품목이다. 도시를 여행할 때마다 깨알 같은 손 글씨로 기록을 남기면 엄청 가치 있는 노트가 될 것이다.

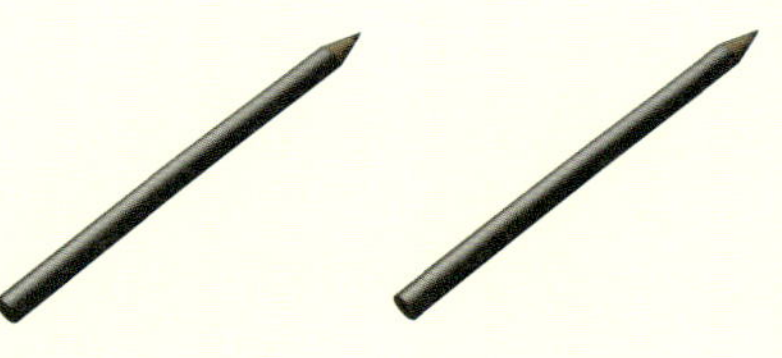

Future
trip

PART 06. 퓨처 트립

ACB
ine merch
Odd bins
BOROUGH HIGH
STREET
"Sorry... my fault."

L★NDON

역사와 트렌드가 공존하는 메트로폴리탄, 영국 런던 　신사의 나라 영국의 런던은 뉴욕, 파리와 더불어 세계 유수의 도시로 손꼽힌다. 　★ 　최고 도시답게 스카이라인이 근사한 현대적 느낌을 떠올린다면 오산이다. 　★ 　묘하게도 전통을 그대로 고수하되 편리한 문명의 이기는 적당히 수용해 과거와 현재가 조화를 이룬 곳이 런던이다. 　★ 　수백 년 된 건물이 여전히 도시 한복판에 버티고 서 있고, 몇 십 년은 족히 굴러다닌 듯한 클래식 카가 거리를 오간다. 　★ 　그러면서도 여느 선진국에 절대 밀리지 않고 선두를 고수한다. 　★ 　런던의 구석구석을 살피고 일상에 뛰어들어 여행자로서 경험해보면 저절로 인생 공부를 하게 되고 나름대로 여러 가지 생각이 교차할 것이다. 　★ 　퓨처 트립으로 안성맞춤인 런던은 해가 지지 않는 나라라는 명성답게 백야 현상으로 10시가 넘어도 환하니, 사색의 시간은 더욱 길어지고 생각 또한 제대로 영글어 진실한 열매를 맺게 될 것

1. 빅벤과 국회의사당 국회의사당 Houses of Parliament 동쪽 끝 탑에 걸린 시계 빅벤 Big Ben. 책에서만 보던 빅벤 앞에 서면 감개무량할 것이다. **2. 런던아이** 밀레니엄시대를 맞이한 기념으로 런던 중심인 템스 강 라인에 우뚝 세운 런던아이 London Eye 는 런던 전체를 감상하기 안성맞춤이다. 365일 한 번도 서지 않고 계속 도는 대관람차에 오르면 한 바퀴 회전하는 동안 런던을 굽어보며 많은 것을 보고 느끼고 배우게 될 것이다. 런던에 가면 반드시 타야 하지만 놀이기구는 연상하지 말 것. **3. 언더그라운드** '언더그라운드 Underground '라고 하는 런던 시내의 지

하철을 타고 한 바퀴 돌아보면 색다른 경험이 될 것이다. **4. 하이드파크** 뉴욕에 센트럴파크가 있다면 런던엔 하이드파크 Hyde Park 가 있다. 그저 우리네 공원이려니 했다간 큰코 다칠 만큼 어마어마한 크기를 자랑한다. 이른 아침 조깅코스로도 좋고, 한낮 패브릭 한 장 준비해 깔고 누워 낮잠 자기에도 좋다.

5. 피시앤드칩스 　영국에는 전통 먹을거리라고 하여 특별히 유명세를 치르는 것이 없다. 로스트비프 또는 피시앤드칩스 Fish&Chips 라는 생선튀김과 감자 요리가 고작이다. 　**6. 애프터눈티** 　본고장에서 즐기는 애프터눈티 AfternoonTea 는 정신을 맑게 해주어 이것저것 생각하고 고민할 때 큰 도움을 줄 것이다. 　**7. 벼룩시장** 　누군가의 손때가 잔뜩 묻은 물건일수록 더욱 애지중지하게 되고 그것을 잘 간직하는 앤티크 문화는 오늘날 벼룩시장을 활성화하여 알뜰한 소비생활까지 갖추게 해주었다. 벼룩시장에서 운 좋게 건져올린 전리품은 퓨처 트립의 추억으로 오랫동안 남아 있을 것이다. 　**8. 버킹엄궁전** 　영국 황실문화의 산실 버킹엄궁전 Buckingham Palace . 이들이 전통을 중요시하고 존중하는 분위기를 지니게 된 것도 바로 황실문화에서 시작된 것이 아닐까 싶다.

All
clothes
£1

SUNRISE

SUNSET:

영국 시인 포프는 '인생은 넓은 바다를 항해하는 것'이라고 했다. ★ 퓨처 트립 장소가 마땅히 떠오르지 않으면 영동고속도로를 내달려 푸르디푸른 파도가 일렁이는 동해로 가보자. ★ 일몰을 보고 싶으면 잔잔한 서해로 향하자. ★ 새해를 맞이할 때마다 수많은 인파가 바닷가로 향하는 것과 퓨처 트립의 목적은 일맥상통한다. ★ 희망찬 한 해를 활짝 열면서 자신의 결심을 다지려는 간절한 마음이 있기 때문이다. ★ 특히 수평선을 붉게 물들이며 떠오르는 태양을 바라보노라면 머릿속이 하얗게 되고 모든 것을 새롭게 시작하고픈 욕망이 꿈틀거린다. ★ 이글이글 떠오르는 붉은 태양이 당신이 나아갈 길을 환하게 비추는 등대가 되어줄 테니 우리 모두 일출 사냥을 떠나보자!

1. 매일 아침 유효 새해 첫날 해돋이만 의미 있으라는 법은 없다. 매일 아침 태양은 다시 떠오르니 마음먹고 떠나서 만나는 첫 번째 태양이 바로 희망이 될 것이다. 붉은 기운을 온몸으로 맞으며 꿈을 설계하고 미래를 계획하자. **2. 지는 해도 아름답다** 황혼이 지는 오렌지빛 일몰은 마음을 다독거리며 정리하기 좋은 분위기를 연출한다. 빨갛게 달아오른 해가 수평선 너머로 사라지는 광경 또한 사색하는 데 도움이 많이 된다.

KYOTO

　　　일본 하면 도쿄를 먼저 떠올리지만 현란한 여행보다 차분한 여행을 원한다면 교토만 한 곳이 없다.　★　천년고도 교토는 전통적인 학술과 문화의 도시로, 우리나라 경주처럼 많은 문화유산과 역사를 고스란히 간직하고 있는 조용한 곳이다.　★　정적인 분위기 속에서 여기저기 유적지를 둘러보다 보면 로댕의 조각상처럼 수시로 생각에 잠기게 될 것이다.　★　원래 방랑자는 여행지 분위기를 고스란히 읽고 함께 어우러지는 경향이 있으니, 교토에서만큼은 차를 즐기며 정원에 앉아 있어도 당신의 인생이 주르륵 단편영화처럼 펼쳐질 것이다.

1.

1. 킨카쿠지　햇빛에 반사되어 번쩍거리는 킨카쿠지 金閣寺의 자태는 한 폭의 그림 같다. 연못에 반사된 킨카쿠지조차 원래 하나인 듯한 착각이 들 만큼 우아하고 청초하다. 주변 나무들의 키는 수십 년 시간을 고스란히 안고 있다. 비오는 날 더욱 운치 있다.　**2. 기요미즈테라**　유네스코 세계문화유산에 지정된 기요미즈테라 淸水寺 는 우리나라 사찰과 사뭇 다르다. 산 절벽에 넓게 펼쳐진 마루 같은 모양새도 아름답지만, 그곳에 서서 산 아래를 굽어보는 느낌 또한 장관이다. 기요미즈테라로 올라가는 길목의 상점이 사랑점을 치기 위해 몰려든 연인들로 북적거리는 모습도 신기하다.　**3. 료안 지**　일본의 젠 禪 스타일 정원도 교토가 발생지라 하니 료안지 龍安寺 를 둘러보며 일본식 정원의 진수를 맛보자. 하늘까지 가릴 만큼 우거진 숲 사이로 고목이 즐비하고, 돌마다 낀 이끼는 역사를 대변하는 듯하다. 수면까지 잔잔하고 큰 중앙 연못을 바라보며 하루 종일 앉아 있어도 지루하지 않을 것 같다. 조용한 이곳을 사색 장소로 강추!

4. UCC 커피　교토역사가 마주보이는 일본의 유명한 커피체인점 UCC에서 마시는 진한 커피 한 잔은 이국적인 느낌이 들면서도 동네에 마실 나와 있는 듯한 편안함을 준다.
5. 일본식 도시락　정갈하기로 소문난 일본 음식 가운데 먹기 아까울 만큼 예쁘게 나오는 도시락으로 한 끼를 해결해보자. 현지인처럼 식사하고 현지인처럼 생각하는 것도 뇌를 깨우는 좋은 노하우이다.　**6. 헤이안 진구** 平安神宮　교토가 수도로 정해진 지 1,100년이 되던 해에 세운 신사로, 강렬한 주홍빛이 압도하는 곳이다. 찬찬히 둘러보고 나와 잠깐 쉴 때쯤 일본인들이 즐기는 말차와 함께 곁들여지는 디저트는 달콤한 간식이 된다.

6.

C ★ FE

STREET

서울에서 만난 유럽, 분당 정자동 카페거리 '천당 아래 분당'이라는 우스갯소리가 있다. 그중에서도 정자동이 그 중심이라니 짐작할 만하다. ★ 이곳 주상복합 아파트 1층 상가를 중심으로 노천카페와 고급식당이 들어섰다. ★ 정자동 카페거리가 소문나면서 유명 맛집과 카페, 베이커리, 직수입 의류매장이 늘어나 신사동 가로수길, 홍대 피카소 거리에 이어 '나홀로족'들의 명소가 되었다. ★ 브런치 문화가 퍼지는 결정적인 역할을 한 곳인지라 브런치 카페, 와인바, 이탈리안 레스토랑, 커피숍 등 고급 음식점이 밀집해 있다. ★ 벤처기업과 상당수 오피스빌딩이 강남에서 정자동으로 이동하는 추세라, 먹을거리 업그레이드는 당분간 이어질 전망이다. ★ 푸짐한 음식 여행을 즐기며 천당 기분을 맛보는 건 어떨까!

1. 흘리차우 우리 입맛에 맞는 퓨전 중국음식은 이곳에서 즐겨라. (**이용시간.** 11:30~22:30 │ **위치.** 정자동 폴라리스 빌딩 2층) **2. 아데나가든** 너른 정원에서 혀끝에서 살살 녹는 딤섬, 와인과 함께 행복하게 브런치를 즐길 수 있다. (**이용시간.** 11:30~02:00 │ **위치.** 정자동 아데나루체 지하 1층) **3. 춘자살롱** 정통 프렌치 식당으로, 날마다 지정된 코스메뉴만 있으니 무얼 먹을까 고민할 필요가 없다. (**이용시간.** 런치는 12:00~15:00, 디너는 18:00~22:00 │ **위치.** 정자동 동양파라곤 지하 1층) **4. 커피지인** 정자동에서 제일 맛좋은 커피는 당연히 이곳에서 맛볼 수 있다. 직접 볶아서 내리는 핸드드립 커피와 하트 모양 와플은 인기 만점이다. (**이용시간.** 09:00~24:00 │ **위치.** 정자동 성원상떼뷰 1층) **5. 크라제 버거** 수제 버거로 유명한 이곳은 맛은 물론이고 황홀한 서비스가 일품이다! (**이용시간.** 11:00~22:30 │ **위치.** 정자동 월드프라자 1층)

おこの★みやき

국내에서 즐기는 오사카 리얼 체험, 오코노미야키 풍월　　일본 열도에 〈겨울연가〉 열풍이 있다면, 한반도에는 오코노미야키 열풍이 있다.　★　일본의 빈대떡으로 알려진 오코노미야키는 가쓰오부시를 우려낸 물에 밀가루, 고기, 채소를 푸짐하게 넣어 프라이팬에 지지는 음식이다.　★　독특한 소스와 어우러져 맛이 담백하고 깔끔하다.　★　일본에서도 유명한 체인점인 풍월의 깊고 특별한 맛을 만날 수 있다니, 음식으로 떠나는 간접 일본여행도 색다를 것이다.　★　냉동 맥주잔에 나오는 생맥주는 그 시원함으로 10년 묵은 체증까지 날려준다.　★　야카소바로 토핑해 먹으면 행복감에 비명을 지를지도 모른다.　★　마음을 다독이며 한 모금, 한 모금 음미해보자.

1. 소스 위에 파래가루를 듬뿍 뿌려 오사카식 오코노미야키 맛을 느껴보자.　**2.** 사이드 메뉴인 오징어구이와 새우구이도 강추!　**3.** 김치와 어우러진 김치삼겹살볶음은 퓨전의 절정을 맛볼 수 있다!　**4.** 은근히 담백하고 고소한 야키소바는 살얼음이 동동 뜬 생맥주를 곁들이면 최고의 음식궁합을 보여준다.

이용시간 ▶
11:00~23:00

위치 ▶ 홍대 주차장 골목
'어머니가 차려준 식탁' 맞은편

1.
>

2.
>

3.
>

4.
>

현재의 나를
돌아보고 미래를 꿈꾸다

엉뚱하기 그지없는 유년시절의 꿈은 그저 희망사항일 뿐이니 어떤 것을 꿈꾸어도 상관없었다. 하지만 학창시절로 접어들면 분명한 이유를 가지고 더욱 구체적인 장래 희망을 계획한다. 학교를 떠나 사회에 입문하면 희망을 현실화하여 꿈을 이루는 이도 있고, 세상과 타협해 과거에 품었던 꿈과는 무관한 일을 하며 사는 이도 있다.　●　자, 여기서 질문 하나! 직업을 갖고 사회인이 된 후 당신의 꿈이 뭐냐는 질문을 받아본 적이 있는가? 아마 대부분 없을 것이다. 30, 40대에게 꿈이 뭔지, 장래희망이 뭔지 물어보는 사람을 오히려 이상하게 취급할 것이다. 하지만 곰곰이 생각해보라. 누군가 꿈이 무엇인지, 미래 희망이 무엇인지 물었을 때 뭐라고 대답할지.　●　세상은 넓고 할 일은 많다는 말을 실감케 하듯 최근 중장년층의 새로운 데뷔가 이어지고 또 다른 꿈을 펼쳐 제2의 인생을 사는 사람들이 늘고 있다. 대기업 CEO 자리에서 은퇴한 후 호텔 지배인 일을 시작해 화제가 되기도 하고, 모래판의 씨름선수가 대한민국 최고의 MC가 되기도 하니 나이는 숫자에 불과하다는 외침이 딱 들어맞는다.

고령화시대로 접어들면서 선진국에서는 전체 인구의 20퍼센트가 60세 이상이며, 2050년에는 전체 인구의 1/3이 60세 이상일 것으로 추정한다.　●　게다가 감자도 아닌 것이 어찌나 퍽퍽한 세상인지 삼팔선, 사오정, 오륙도 커트라인에 걸리지 않으려면 부단히 노력하고 미래를 위한 대안까지 미리미리 마련해둬야 한다. 이제 인생을 길게 보는 것은 물론이고, 좀더 가치 있게 꾸려나가기 위해 안목을 넓혀야 할 시점이다.　●　이럴 때 할 수 있는 일이 있다면 시간을 뚝 떼어내어 과감하게 여행을 떠나는 것이다. 황금 같은 휴가에는 먹고 놀고 쉬어야 제맛이라지만, 일상에 쫓겨 자신을 돌아볼 시간조차 변변히 내지 못했으니 이제 온전히 자신을 위해 사색하는 여행을 떠나보는 게 좋다. 그런 의미에서 제안하는 것이 바로 '퓨처 트립'이다.　●　퓨처 트립은 그동안 자신이 걸어온 길을 되돌아보고 현재 위치를 파악한 후 앞으로 과연 어떻게 살지를 진지하게 고민하는 여행이다. 여행 가서 그게 무슨 몹쓸 짓이냐

고 흥분할지 모르겠지만 따져보라. ● 그림처럼 넓게 펼쳐진 탁 트인 곳에서라면 사고 범위가 절로 넓어지고, 평소 많이 움츠러든 주관과 소극적인 사고에서 자신을 조금 더 해방시킬 수 있다. 동시에 큰 밑그림을 그려 미래의 인생 계획을 채울 수 있으니 한 번 여행으로 한 뼘 넘게 성장한 자신을 발견할 것이다. 거창하게 생각하러 떠나는 여행이 아니라 스스로 숙제를 하나 던져놓고 해답을 구하는 과정을 여행에서 즐겨보자는 것이다.

앞서 제안한 파이널 골 트립이 단기 플랜을 짜 목표를 정해 그것을 이루면 다시 다음 목표로 옮겨가는 단계별 플랜을 구상하는 것이라면, 퓨처 트립은 장기적인 인생 플랜을 짜는 것으로 큰 그림을 그린 뒤 그것을 향해 작은 미션을 하나하나 풀어가는 종착역 플랜이다. ● 운동에 비유하면 파이널 골 트립은 100미터 달리기, 110미터 장애물 달리기이고, 퓨처 트립은 레이싱의 꽃인 마라톤인 셈이다. 마라톤 42.195킬로미터 달리기는 그저 앞만 보고 달려 골인하면 되는 운동이 아니다. 결승 테이프가 있는 지점을 목표로 삼아 적당한 보폭과 알맞은 속도를 끝까지 유지하며 오랜 시간 혼자 달리는 고독한 스포츠다. 42.195킬로미터라는 긴 거리를 어떻게 달릴지 큰 그림을 그려 전략과 전술을 짜야 종착역에 다다를 수 있다. 그뿐인가. ● 오늘 하루 컨디션 잘 유지하면서 반짝 달려 완주할 수 있는 것이 마라톤이라고 생각하면 큰 오산이다. 매일매일 꾸준히 몇 달 동안 기본기를 단련해도 어지간한 지구력으로는 출발하기도 전에 지치기 십상이다. 뭐? 아예 마라톤 완주를 미래 계획에 넣겠다고? 그것도 좋은 방법이다. ● 이렇게 미래를 미리 경험하는 시간 또는 그 미래를 위해 찬찬히 계획하는 시간이 바로 퓨처 트립의 하이라이트다.

여행길에서 큰 깨달음을 얻어 인생을 유턴하여 완전히 다른 인생을 시작하는 이들이 많다는 점을 꼭 기억하자. 연륜과 경험의 혜안을 가졌으니 훨씬 가치 있고 비전

있는 말년 인생에 배팅해도 좋다. 퓨처 트립은 분명 그 열쇠를 찾을 수 있게 해줄 것이다. ● 여행지에서 다정하게 손잡고 산책하는 백발의 노부부를 보면 참 아름다워 보인다. 그들이 아름답게 보이는 이유는 자신의 인생을 제대로 설계하고 종착역에 안주했기 때문이다. 이제 당신도 말년 인생을 보장하는 보험 같은 퓨처 트립을 인생의 중간을 다지는 기회로 삼아보자. 그것이 또 다른 첫 단추가 될 것이다.

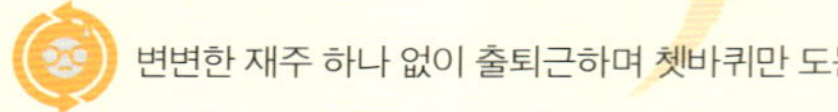

TRIP ★★★ PARTNER

완벽한 휴식을 위한 믿음직한 동반자, 퓨처 트립 파트너

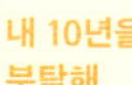

**내 10년을
부탁해**

미니 타임캡슐 영화 〈엽기적인 그녀〉에서 주인공들이 2년 후를 기약하며 나무 밑에 묻던 타임캡슐을 기억하는가. 이들처럼 원하는 미래 시간을 정한 후 나만의 타임캡슐을 만들어 보자. 현재의 내가 미래의 나에게 쓰는 편지를 넣어도 좋고, 여행지에서 정리한 생각을 담은 메시지를 넣어도 좋다. '오늘의 타임캡슐'을 하나 깊이 묻어두자. 옷장 속도 좋고, 자기만 아는 구석진 어느 땅속도 좋고 어디에 두든 자유다.

추억을 추억하다

연필과 공책 색다른 음식여행에서 많은 이들이 챙기는 디카. 사진 한 장이 열 마디 말을 대신하지만, 아날로그에 대한 로망을 무시할 수는 없다. 미니노트와 펜은 한 컷의 일러스트에 음식비 평을 곁들여 색다른 요리 정보책을 탄생시킬 것이다. 격식에 얽매이지 말고 자신의 생각과 감정을 끼적거리고 그려 자신만의 여행일지를 꾸며보자.

**그때그때 충전!
인스턴트 에너지**

커피믹스와 라면 여행길 나른한 오후에 잠깐 휴식할 때 제일 먼저 떠오르는 것이 커피믹스이다. 많은 에너지가 필요한 여행에서 커피믹 스는 쏠쏠한 활력을 준다. 전 세계인의 에너자이저, 커피믹스를 몇 봉 챙 겨가자. 이왕이면 컵라면도 하나. 현지에서 먹는 수프의 맛은 2% 부족하니, 티셔츠는 컵라면에게 자리를 양보하라.

**주객의 특권,
몽환자유**

칵테일 여행 중 묵는 호텔의 라운지나 바 또는 클럽에서 소다 수와 물만 마시지 말고 색다른 칵테일로 여행 기분을 제대로 내 보자. 캐리가 즐겨 마시는 마티니, 싱가포르에서 시작됐다는 싱 가포르 슬링, 시원한 민트 맛이 일품인 모히토. 분위기와 맛을 즐기는 색다른 칵테일 한 잔 은 긴장을 풀어주어 여행의 즐거움을 배가시킬 것이다.

**나 홀로족의
생활필수품**

휴대용 노트북 디지털 노마드답게 노트북을 가지고 떠나자. 수 시로 상념에 잠겨 떠오르는 단상을 정리하기도 좋고, 미래의 계 획표를 그려 빈칸을 채워넣기도 편하다. 게다가 장소에 따라 계 획이 변경되면 수정하기도 편리하다.

Food
trip

"AKE OUT"

혼자서도 우아하고 당당하게 It Coffee! 찐득한 다방커피에 익숙하던 것이 엊그제 같은데 어느새 우아하게 카페인, 디카페인, 팻, 논팻, 톨, 라지 등 기호에 따라 주문하는 한 잔의 커피에 올인하게 되었다. ★ 우리나라 성인 한 사람이 커피를 1년에 평균 300잔이나 마신다니 세계 11위 커피소비국이 된 것은 어쩌면 당연한 일이다. ★ 급부상한 커피 마니아들은 원두를 직접 볶아낸 커피나 입맛에 맞는 로스팅 커피를 찾아 시간을 과감하게 투자하는 것은 물론 기꺼이 주머니를 연다. ★ 소문난 커피집이라면 서슴지 않고 달려가고, 낯선 여행지에서 색다른 커피 맛을 느끼기 위해 머나먼 여정에 나서기도 한다. ★ 적당한 카페인은 중추신경을 자극해 정신을 맑게 해준다니 최고의 커피를 마시기 위해 떠나보자!

1. 왈츠앤닥터만 커피박물관 지가배지기 知珈琲知己 면 백미백감 百味百感 ! 뭔 소리냐고? 커피의 한자어 '배가 珈琲'를 알고 나를 알면 백 가지 맛과 백 가지 느낌을 만난다는 뜻이다. 커피 마니아라면 꼭 알아두어야 할 커피의 모든 것을 보고 체험할 수 있는 양평의 왈츠앤닥터만 커피박물관은 꼭 가봐야 할 코스이다. 남양주 국도를 따라가다 만나는 이곳에서는 건물에서도 커피향이 진동한다. 호화유람선의 바 캡틴이던 노신사 지배인의 서비스는 지상 최고의 커피를 만끽하기 안성맞춤이다. 진한 커피향에 취하고, 수려한 경관에 취하고, 이래저래 흥겨운 커피 여행을 떠나보자! **(이용시간.** 10:30~18:00 ┃ **위치.** 경기도 남양주시 조안면 영화종합촬영소 맞은편) **2. 부암동 클럽 에스프레소** 소박한 겉모습만으로는 절대 알 수 없다. 나무 테이블에 앉아 핸드드립으로 나오는 커피 한 잔을 마셔야만 그 진가를 알 수 있는 부암동 에스프레소는 언제나 만원이다. 커피를 좋아하는 사람이라면 진작 소문을 들었을 터이다. 매일 마시는 믹스 커피가 텁텁하다면 가벼운 마음과 옷차림으로 부암동으로 나서보자. 솔솔 풍겨오는 커피 볶는 향을 쫓다보면 아마 에스프레소 앞에 서 있는 당신을 발견할 것이다. **(이용시간.** 10:00~23:00 ┃ **위치.** 서울시 종로구 부암동 북악스카이웨이

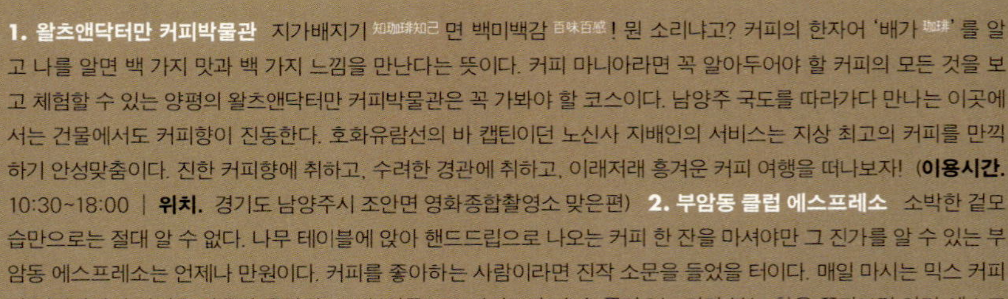

초입) **3. 일본 이노다 커피** 전 세계 커피콩 중 가장 질 좋은 것을 사들이기로 유명한 일본에서 즐기는 커피 또한 일품이다. 오랜 전통을 중요시하는 나라에서 개업한 지 60년이 훌쩍 넘은 교토의 이노다 커피는 놓치기 아까운 명품 커피다. 긴 역사만큼 훌륭한 커피 맛을 자랑하는 이노다 커피에 케이크 한 조각 곁들이면 굿! 빨간 포트 로고가 인상적인 커피를 기념품으로 구입해 집에서 여유롭게 즐기다 보면 또 다른 행복이 밀려올 것이다. **(이용시간.** 08:00~24:00 ┃ **위치.** 삼청동 눈나무집 맞은편) **4. 미국 스타벅스** 파란색 로고가 빛나는 '별다방'이 국내에 상륙했을 때 그 뜨거웠던 열기를 기억하는가. 세련된 인테리어와 깔끔한 분위기에 압도되어 커피보다 그 문화를 즐기려는 사람들로 늘 북적거렸다. 그러나 스타벅스의 본고장인 미국에서 만나는 별다방은 심플하고 소박하다. 어느 도시 주택가 한가운데 자리 잡은 스타벅스는 마치 집 거실처럼 편안하고 아늑하다. 미국으로 여행 간다면 오리지널 스타벅스를 반드시 경험해보자!

1.

2.

3.

4.

까칠한 여우들을 위한 맛집　인터넷이 인류에게 미친 영향 가운데 가장 위대한 것을 꼽으라면 '맛집의 체계적 족보화'일 것이다.　★　국내외 수많은 맛집 정보를 온라인에서 공유하며 맛을 나누니, 인류는 점점 더 위대^{偉大}해질 수밖에 없다.　★　이제는 일단 한번 맛보면 중독되는 킬러 푸드가 등장해 음식 세상을 평정하고 있다.　★　그래서 원조 중의 원조를 외치는 맛집으로 사람들이 몰리고, 본고장으로 찾아가서 기꺼이 즐기는 일쯤은 당연하게 여긴다.　★　맛있는 음식 하나만으로 스트레스를 풀고 마음의 안정을 찾을 수 있다.　★　보고 있으면 만지고 싶고, 향을 맡고 싶고, 먹고 싶어지는 오감여행.　★　이 오감을 자극하는 맛있는 유혹을 따라 맛, 분위기, 입맛, 취향 별로 내게 맞는 푸드트립을 떠나보자.

1. 전등사 죽림다원 대추차 사찰 하면 으레 한쪽에 오롯이 자리 잡은 전통찻집을 먼저 떠올린다. 맑은 공기를 마시며 마음까지 평안해질 때쯤 전통차로 마무리하는 여정은 한민족이라면 누구나 마다하지 않을 것이다. 아직도 오래 묵은 나뭇결을 그대로 간직하고 있는 강화도 전등사에 있는 찻집도 예외는 아니다. 대추 속살이 둥실둥실, 걸쭉하고 진하게 직접 끓인 대추차는 감동 그 자체이다. 절에서 살아도 좋으리라, 맛난 대추차를 매일 먹을 수만 있다면! **(이용시간.** 08:00~일몰 때까지 | **위치.** 강화군 길상면 온수리) **2. 춘천 닭갈비** 지역마다 유명한 먹을거리가 있고, 그곳에 가면 그것을 반드시 먹어봐야 한다면, 그중 첫 번째는 춘천 닭갈비이다. 서울에서도 한 집 건너 있는 것이 춘천 닭갈비집이라지만, 춘천의 닭갈비집이 밀집된 골목 한 귀퉁이 원조 중의 원조집에서 먹는 닭갈비 맛은 그동안 먹은 것은 진정 무엇이었는지 생각해보게 만든다. **3. 속초 오징어회** 잉크빛 동해바다에서 갓 잡아 올린 오징어는 회로 즐겨야 제맛이다. 오돌오돌 쫄깃한 오징어회는 씹을수록 참맛이 배어나온다. 도심 포장마차에서 먹는 무늬만 오징어회는 저만치 미뤄두고 푸짐하고 싱싱한 오징어회를 향해 달려가자. 자, 떠나자. 동해바다로! **4. 제주 갈치조림과 옥돔구이** 시뻘건 국물에 큼직한 무와 굵은 갈치가 어우러진 갈치조림은 돌하르방을 배경으로 하고 먹어야 비로소 제맛을 느낄 수 있다. 제주 특산물인 옥돔은 바싹 구워 고소함이 일품이고 비린 것을 그다지 즐기지 않는 이조차 부담 없이 먹을 수 있으니 식도락 여행은 제주도로 가도 후회하지 않는다. **5. 싱가포르 칠리크랩** 싱싱하고 푸짐한 해산물 요리를 저렴하게 즐길 수 있는 싱가포르에 가면 칠리크랩을 먹자. 시원한 생맥주를 벗 삼아 살이 통통하게 오른 크랩을 먹으면 무릉도원이 따로 없다. 특히 매콤한 칠리소스는 우리나라 사람들 입맛에 딱 맞는다. 소스가 남으면 밥 한 공기 싹싹 비벼먹고 싶다. **6. 홍콩 딤섬** 종류만 200개가 넘는다는 딤섬은 중화권에서도 홍콩이 가장 유명하다. 흔히들 만두라고 생각하기 쉽지만 요리법과 모양에 따라 이름도 맛도 천차만별인 딤섬은 서양 미식가들에게도 정평이 나 있다. 홍콩 여행에서 딤섬은 필수코스이지만, 서울 한복판 딘타이펑, 난시앙에서도 근사한 딤섬을 즐길 수 있다. **7. 하카다분코 돈코츠라멘** 라면의 본고장인 일본의 라면은 우리네 라면과는 사뭇 다른 맛이 나며, 진한 국물은 해장에 제격이다. 그렇다고 해장하러 비행기타고 갈 순 없잖아. 이때 홍대 하카다분코의 돈코츠라멘을 추천한다. 일본 청년들이 정통 라멘의 진수를 선보이는 이 집의 국물 맛은 이곳이 작은 일본이 아닐까 하는 착각에 빠지게 한다. **(이용시간.** 런치는 12:00~14:00, 디너는 17:00~24:00 | **위치.** 지하철 6호선 상수역 2번 출구, 극동방송국 옆 골목)

1.

2.   3.

博多文庫

★ B R U N C H

 주말이면 평소 미뤄둔 늦잠에서 깨어 아침과 점심 사이에 먹는 브런치를 챙기고 친구나 연인과 릴레이 수다를 시작하는 것이 전형적인 뉴요커들의 모습이다. ★ 이들의 보다 실리적이고 즐거운 모임 문화가 우리 생활 속에도 성큼 들어왔다. ★ 브런치 바람은 우리나라에까지 불어와 직장인들이 평일을 찍고 주말을 시작하는 하나의 사인 sign 이 되었다. ★ 브런치는 가까운 사람들과 주말의 느긋함을 즐기며 천천히, 편하게 먹는 한 끼 식사를 말한다. ★ 요즘은 주부, 가족, 백수까지 가세해 평일은 물론 365일 내내 브런치를 즐길 수 있게 되었다. ★ 와플, 베이컨, 토스트, 오믈렛, 샐러드 등 부담없이 즐길 수 있는 날로 업그레이드되는 브런치로 아침과 점심 사이의 여유를 한껏 누려보자.

1. 수지스 SUJI's 브런치의 원조. 뉴욕에서 유학생활을 한 주인이 미국식 홈메이드 푸드를 그대로 재현하여 푸짐한 브런치를 제대로 맛볼 수 있다. 컬러풀한 그릇에 담겨 나오는 브런치는 아점(아침 겸 점심) 이 아닌, 아점저(아침 겸 점심 겸 저녁밥) 를 한꺼번에 먹는 듯 푸짐하다. 시럽을 듬뿍 뿌려 먹는 정통 팬케이크여, 그대를 '마약' 팬케이크로 임명하노라! **(이용시간.** 11:00~16:00, 18:00~24:00 **│ 위치.** 지하철 6호선 녹사평역 3번 출구) **2. 일민미술관 카페, 이마** 입소문이 자자해 인산인해를 이루는 이마 카페는 테이블을 찾아 앉기가 하늘의 별따기이다. 한국적인 입맛을 고려한 브런치 메뉴는 머슴 입맛이어도 부담 없이 즐길 수 있다는 특징이 있다. 흰쌀밥에 스팸구이, 오징어젓갈, 계란 프라이 등의 구성을 상상해보라. **(이용시간.** 10:00~10:00 **│ 위치.** 지하철 5호선 광화문역 5번 출구) **3. 데일리킹스 다이너** DailyKing's Diner 이곳의 장점은 특정한 시간대에만 즐길 수 있는 브런치 메뉴를 356일 즐길 수 있다는 것이다. 촉촉한 프렌치토스트, 스크램블 에그, 홈메이드 포테이토 등 아메리칸 스타일로 맛볼 수 있다. **(이용시간.** 11:00~22:00(주말 10:00~22:00) **│ 위치.** 분당 정자동 지파크프라자 8층) **4. 두지엠** Duexieme 브런치로 배를 가득 채우면 다이어트하

겠다는 비장한 결심이 무너질 터이니 정말 가벼운 브런치를 한다면 요런 요거트는 어떤가! 재료가 실하고 베리 유도 푸짐하니 눈 딱 감고 주말 브런치는 요거트 당첨! **(이용시간.** 11:00~24:00(일요일 휴무) **│ 위치.** 지하철 3호선 압구정역 3번 출구) **5. cafe' 50** 노스트레스 카페주의를 내세운 빈티지풍 피프티의 자랑은 딱띤이다. 딱띤은 프랑스식 오픈 샌드위치로, 커피와 함께 든든한 브런치 한 끼로 적격이다. 캉파뉴라는 프렌치빵 위에 토핑을 다양하게 얹은 딱띤, 이번 주말 너를 만나러 가마. **(이용시간.** 11:00~24:00 **│ 위치.** 지하철 3호선 압구정역 3번 출구) **6. 길거리표 브런치** 낯선 이국땅에서 근사한 브런치를 먹자고 예약하기 민망했다면, 현지인들이 그렇듯 점심시간 공원 주변에 즐비하게 늘어선 길거리표 샌드위치에 도전하라. 양도 푸짐해 잔디를 벗 삼아 부담 없이 최고의 브런치를 즐길 수 있다.

DAILSKING'S
DINER
ENTRANCE

GORILLA
IN THE KITC

몸매와 건강을 생각한다면 욘사마의 스마트 푸드! 고릴라인더키친

욘사마 배용준의 레스토랑으로 더 유명한 고릴라인더키친은 웰빙 식당이다. ★ 욘사마가 최고의 몸을 만들기 위해 식생활에 쏟은 정성 그대로 음식을 만드는 셰프, 영양을 책임지는 뉴트리션 팀, 건강과 운동까지 챙겨주는 트레이너 팀까지 갖췄으니 푸드 트립으로 안성맞춤이다. ★ 영양의 균형을 맞추려고 'No Butter, No Cream, No Deep Fry'를 외치는 이들이 궁금하지 않은가. ★ 맛을 개발하는 전문 셰프의 피자, 스파게티, 샐러드 등은 물론, 영양 밸런스와 칼로리까지 꼼꼼하게 체크해주는 영양 전문가, 효능과 효과를 검증해주는 의료진 세 분야의 전문가들이 모여 만든 요리를 만난 당신은 '오 마이 갓'을 외칠 것이다. 이것이야말로 정말 So hot!

이용시간 ▶ 11:00~23:00 **위치 ▶** 지하철 3호선 압구정역 2번 출구(도산공원 정문 앞)

1. 정갈한 인테리어와 같은 메뉴라도 칼로리가 훨씬 적은 요리법을 채택하여 요리함으로써 담백함을 맛볼 수 있다. 2. 라이스피자에 유자소스. 건강함이 절로 느껴진다. 3. 하루 한 잔의 레드와인은 건강으로 가는 지름길.

식사 후 발급받는 휴먼
카드는 마일리지 카드다.
꼭 챙겨두자.
GOR
ILLA
INTHEKITCHEN
HUMAN
2.
3.

식객 여행자를 위한 영양만점, 맛있는 여행!

텔레비전을 보다보면 열에 아홉은 맛집 소개 프로그램이요, 먹을거리를 소재로 한 방송이다. 골든타임에 방영되는 드라마 또한 요리사를 등장시키거나 음식을 주제로 하는 내용이 넘쳐난다. 만화 〈식객〉〈미스터초밥왕〉〈신의 물방울〉 등이 상위권을 마크하는 것도 그 증거이고, 국내뿐 아니라 동양에서까지 엄청난 인기몰이를 한 드라마 〈대장금〉 또한 궁중음식을 선보여 시청자들의 사랑을 듬뿍 받았다. ● 인간이 살아가면서 기본적으로 해결해야 하는 문제가 의식주라는 측면에서 보면 그다지 놀랄 일도 아니다. 하지만 크게 달라진 것이 있다면 전에는 끼니를 때우거나 밥 먹는 행위를 습관처럼 했다면, 지금 음식은 하나의 문화로 자리 잡았다는 점이다. 그래서 한 끼를 먹더라도 맛있는 집, 소문난 집을 찾고, 몇 시간을 기다려야 하는 긴 행렬에 기꺼이 동참하는 이들도 늘었다.

음식이 인류에게 미치는 영향은 실로 엄청나다. ● 첫째, 건강을 지키기 위해서는 여러 가지 음식을 골고루 섭취해 필요한 영양분을 몸에 공급해야 한다. 피로가 쌓여 몸이 피곤해지면 에너지원이 되는 포도당이 소모되어 자연스럽게 당분을 섭취하고 싶어진다. 하루 8잔 이상 물을 마셔 수분을 보충하고, 몸의 여러 기능을 조절하는 비타민 또한 여러 음식으로 섭취하는 등 음식 자체가 건강을 지키고 몸의 균형을 유지하는 중요한 요소이다. ● 둘째, 음식은 시도 때도 없이 몰아치는 스트레스 폭풍을 해소하는 데 큰 몫을 담당한다. 스트레스를 심하게 받은 사람은 매콤한 음식을 찾는데, 고추의 매운 성분인 캅사이신은 각종 성인병 예방은 물론 혈액순환을 도와준다. 톡 쏘는 매운맛으로 스트레스도 날리고, 감칠맛에 기분이 좋아지니 어지간한 사람보다 음식이 좋은 치료제가 되는 셈이다.

그밖에도 비오는 날은 부침개로 울적함을 달래고, 시원한 냉면으로 더위를 날려버리며, 환절기마다 잃어버린 미각은 각종 보양식이나 계절식으로 되찾는 등 날씨에 따라 마음까지 다독거려주니 한 끼 식사에 감사하고 그 맛에 감동하는 것은 당연하다.

식탐이 많고 맛있는 음식을 공경하며 칭송할 줄 아는 예의바른 사람이라면 고민할 필요도 없이 먹을거리 여행인 푸드 트립을 떠나보자. 여행에 대처하는 우리의 옳지 않은 자세 가운데 하나는 여행 앞에서 다양한 핑계로 주저앉는 것이다. 시간이 없어서(절대 용납되지 않는다. 아무리 시간이 없어도 밥은 먹는다), 경제적 여유가 없어서(이 또한 묵살. 거액을 밥에 투자하자는 것도 아니다), 갈 곳이 마땅치 않아서(두서너 걸음만 걸어도 여기저기 밥집이 있는 것은 아이들도 안다)라는 구차한 이유는 잠시 접어두자. 우리가 즐길 푸드 트립은 순수하게 먹기 위해 떠나는 여정이다. 한 번쯤 가봐야지 하며 잡지에서 찢어둔 장소가 될 수도 있고, 언젠가 꼭 가서 먹고 말 거라고 결심했던 요리의 본고장일 수도 있다. 그러니 장소와 음식 종류만 선택하면 절반은 시작한 것이다.

여기서 푸드 트립을 즐기기 위한 노하우를 알아보자. 먹기 위해 떠나는 여행이라 해서 거창한 장소에서 값비싼 음식을 먹을 거라는 고정관념은 모두 버리자. 해산물을 좋아해 바다로 향한 푸트 트립은 장소만 정한 뒤 현지인들에게 주위들은 정보를 기초삼아 찾아다니는 것이 좋다. 활자화되거나 방송을 타면서 유명해진 집이라도 실제로 찾아가면 형편없는 서비스나 맛에 실망하는 경우가 많다. 기대한 만큼 실망감 또한 비례하기 때문이다. 여행지를 돌아다니며 찾아내는 옥 같은 음식점이야말로 푸드 트립의 진수이다. 우연하게 분위기가 마음에 들거나 주인의 따뜻한 미소가 좋아 들어간 음식점에서 뜻하지 않은 수확을 얻게 된다면 혀가 즐겁고 마음까지 넉넉해질 것이다. 책자에 소개된 화려한 카페보다 골목 모퉁이의 손님 없는 작은 카페에서 마셔본 커피 한 잔에 더 감동하게 될 것이다. 기대와 호기심을 안고 맛집을 찾아 떠나면 100퍼센트 성공하는 음식 여행이 될 것이다. 이러한 푸드 트립은 즉석에서 효과가 발휘된다는 장점이 있다. 포만감이 느껴지게 식사하고 나면 만사가 편안해지고 멈춰 섰던 뇌도 말랑말랑해져 밥 먹기 전의 고민, 마음의 상처, 스트레스 따위를 절로 잊게 된다. 또 온몸의 신진대사가 활발해지고 에너지가 넘치니 어떤 일이든 긍정적으로 신나게 매달릴 수 있다.

여행지에서 돌아다니며 찾아내는 옥석 같은 음식점이야말로 푸드 트립의 진수이다. 우연하게 발견하고 분위기가 마음에 들거나 주인의 따뜻한 미소가 좋아 들어간 음식점에서 뜻하지 않은 수확을 얻게 된다면 혀가 즐겁고 마음까지 넉넉해질 것이다.

어르신들이 장맛을 보면 그 집을 안다고 했던 것처럼, 그 나라 음식으로 그 나라 문화를 느끼고 체험하는 것이야말로 여행에서 얻을 수 있는 최고의 즐거움이 아닐까. ● 미각으로 행복감은 무엇과도 견줄 수 없다. 몸이 허하거나 입맛을 잃었을 때 든든한 보양식을 찾아 기력을 회복하고 건강을 지킬 수 있다면 맛을 찾아 떠나는 여행만큼 감각적인 여정이 또 있을까. ● 왜 그렇지 않겠는가. 민트 맛 아이스크림을 먹다 나눈 첫 키스의 추억, 친구와 산책하며 뜯어먹던 솜사탕 맛, 화이트 와인을 마시며 만나던 남친, 기차에서 먹던 삶은 계란과 사이다의 쏘는 느낌 등 우리에겐 맛으로 기억하는 추억과 그리움이 있다. 하물며 작정하고 먹을거리를 즐기려고 떠난 여행이니 그곳에서 경험한 그 맛은 얼마나 큰 즐거움을 주겠는가.

 어떤 음식이 당길 때 당장 먹어야 직성이 풀리는 사람  한 가지 음식이라도 애호가로 선호하는 메뉴가 있는 사람  미식가 타입으로 언제든 새로운 요리에 도전해보고 싶은 사람  아는 게 하도 많아서 먹고 싶은 것도 많은 사람

T R I P

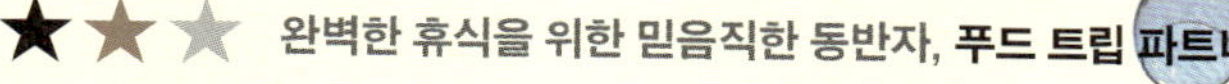

★ ★ ★ **완벽한 휴식을 위한 믿음직한 동반자, 푸드 트립 파트너**

P A R T N E R

**한 잔에 깃든
여유와 풍요로움**

하프 와인 소주가 주름잡던 우리나라 주류사에 큰 획을 그은 녀석이 바로 와인이다. 웰빙 트렌드와 더불어 주목을 받게 된 와인은 건강에 좋다 하여 여전히 인기 폭발이다. 평소 즐기던 와인을 당신의 여정에 살짝 끼워넣으면 꽤 유용할 것이다. 특히 따서 한 번에 다 마실 수 있는 하프사이즈 와인은 맛집에서 큰 위력을 발휘한다. 외국 여행에서는 싸고 질 좋은 와인을 만날 기회가 많으니 현지에서 구입해 즐기는 것도 좋다. 오랫동안 숙성된 와인은, 여행을 훨씬 풍요롭게 만들어주고 음식의 맛까지 배가해줄 것이다.

**피로한 발바닥에
날개를
달아보자!**

디지털카메라 요즘 맛집을 찾아 떠도는 방랑자들의 손에 너나 할 것 없이 디지털카메라가 들려 있다. 인증샷 없인 모든 것이 무효라고 외칠 만큼 증거지상주의가 된 까닭에 맛을 찾아 떠나는 푸드 트립의 진정한 첫 번째 파트너는 뭐니 뭐니 해도 디지털카메라이다. 배가 아무리 고파도 테이블에 음식이 올라오면 일단 셔터를 눌러 맛과 멋을 기록한 후 음식을 즐겨보자. 먹음직스러운 음식 사진 한 장으로 당신의 혀에서 느꼈던 맛이 길이길이 기억되리라.

**푸드 트립의
첫 번째
여행 파트너**

스니커즈 맛있는 음식을 먹기 위해서 많은 사람이 감수하는 것은 발품이다. 긴 여정. 맛있는 집과 소문난 집을 찾으러 다니기 위해서 무엇보다 부지런히 걸어야 할 터. 발에 착착 감기는 편안한 스니커즈 한 켤레는 맘에 쏙 드는 맛을 찾아 찾아 걷고 또 걷는 미식가들에게 기본이다. 지도 한 장 달랑 들고 낯선 곳을 다니다보면 여기저기 헤맬 때도 있고, 찜해둔 그 음식을 반드시 먹겠다는 일념으로 먼 길을 가야 할 때도 있다. 컬러풀하면서도 가벼운 스니커즈는 아마도 안내인을 자청해 당신을 근사한 식당으로 인도할 것이다. 스니커즈 신고 폴짝 뛰어보자.

No Play
TRIP

PART 08.
노 플랜 트립
No-Plan Trip : 무작정 떠나고
보는 무계획, 스트레스 제로 여행

L
A
N
G
미국

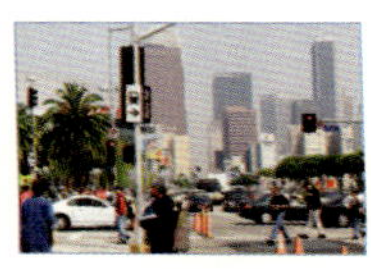

태양 아래 가장 뜨거운 도시, 로스앤젤레스 보통 엘에이로 불리는 로스앤젤레스는 미국에서 두 번째로 큰 도시답게 할 것, 볼 것, 즐길 것이 무한히 넘치는 곳이다. ★ 날씨도 연일 쾌청해 '햇볕은 쨍쨍 모래알은 반짝'을 주제곡 삼아 도시를 누비기만 하면 된다. ★ 어쩌면 계획 없이 훌쩍 떠나 즐기기에 최고의 장소일 듯싶다. ★ 로스앤젤레스는 스페인어로 천사라는 뜻이다. ★ 천사들이 사는 축복의 땅이라 붙여진 이름답게 탈진한 이들에게, 무기력해진 이들에게 짜릿한 쾌감은 물론 생기발랄한 선샤인을 무한대로 안겨주는 여행지다. ★ 산타모니카 해변 투명한 햇살에 일광욕을 즐겨도 좋고, 유니버설스튜디오에서 할리우드 무비 투어를 떠나도 좋고, 세계 최고의 명품 숍과 디자이너들의 부티크를 쇼핑하거나 푸짐한 먹을거리로 배를 채워도 좋다. ★ 그저 티켓 한 장 끊고 스케줄도 없이 동에 번쩍 서에 번쩍 로스앤젤레스를 누비는 당신, 그대가 진정 축복받은 자유로운 천사이지 않은가!

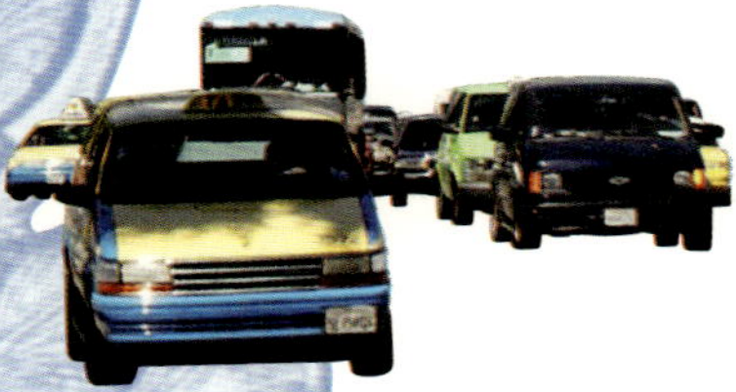

S -

E L E S

1.

2.

STAGE 23

1. 산타모니카 비치 로스앤젤레스
최고의 휴양지로 유명한 산타모니카 비치 *Santa Monica beach* 는 백사장이 끝없이 펼쳐져 그동안 보았던 바다는 시냇물로 느껴질 만큼 크고 웅장하다. 사계절 내내 캘리포니아 햇살을 즐길 수 있어 우기니 건기니 따질 필요도 없다. 그러니 노 플랜으로 떠나도 좋을 1순위 여행지 후보다! 다운타운에 줄지어 선 예술 전시장과 카페, 레스토랑, 서점은 이국적인 풍경만으로도 벅찰 지경이다. **2. 유니버설스튜디오** 영화산업의 메카인 로스앤젤레스에서 유니버설스튜디오 *Universal Studio* 를 빠뜨리면 새우버거에서 새우를 빼고 먹는 것이요, 렌즈 없는 카메라로 사진 찍는 격이다. 이곳은 실제 영화를 촬영하는 세트와 스튜디오를 감상할 수 있을 뿐만 아니라 영화의 한 장면을 재현해 보여주는 어트랙션이 넘친다. **3. LA 식스플래그 매직마운틴** *Magic Mountain* 서전 세계에 포진한 유명한 롤러코스터 테마파크 식스플래그 *Six Flags* 는 이제까지 듣도 보도 못한 기상천외 롤러코스터가 넘치는 곳이다. 짜릿한 스릴을 원한다면, 어트랙션 마니아라면 무조건 휩쓸고 와도 좋다. **4. UCLA** *University of California at Los Angeles* 명성이 자자한 대학을 방문하는 것도 색다른 경험이다. 규모도 규모지만 우리와 사뭇 다른 대학 풍경에 시간 가는 줄 모른다. 최

3.

4.

5.

6.

근 구내식당에 한식이 정식메뉴로 등장했다고 하니 더욱 관심이 간다.   **5. 베벌리힐스**   미국 최고 명품을 쇼핑할 수 있는 베벌리힐스 Beverly Hills 를 따라 걸으면 어느새 〈귀여운 여인〉에 등장한 줄리아 로버츠라도 된 듯한 착각에 빠진다. 운이 좋으면 로데오 드라이브를 걷다가 할리우드 배우와 마주치는 행운이 있을지도 모를 일이다. 천사의 도시니까!   **6. LA카운티 뮤지엄 LACMA** LA county museum of Art   '라크마'로도 부르는 이 박물관은 무려 11만 점에 달하는 유명 예술작품이 전시되어 있고, 건물 곳곳에 카페와 식당이 즐비하다. 엄청난 정원에 전시된 조각과 조경은 감동 그 자체. 매주 금요일에는 무료 재즈 공연이 열린다.   **7. LA 퍼블릭 라이브러리** Public library   이렇게 아름다운 도서관이라면 하루 종일 머물러도 지루하지 않을 것이다. 머리라도 식히고 싶다면 도서관 노천카페에 앉아 커피 한 잔 마시는 여유도 부려보자.

8. 웨스틴 보나벤처 호텔   천사들의 도시답게 낮도 밤도 아름다운 LA의 증거가 될 만한 곳이 웨스틴 보나벤처 Westin Bonaventure 호텔이다. 영화 〈사선에서〉 〈트루라이즈〉를 촬영한 곳이기도 하지만, 호텔 꼭대기에 있는 톱 오프 파이어에서 감상하는 야경은 백만 달러짜리다. 창가에 자리 잡고 앉으면 360도 자동으로 회전하니 파노라마로 만끽할 수 있고, 칵테일로 서빙된 유리잔은 기념품으로 가져올 수 있다.

7.

8.

SAM CHUNG DONG

골목골목 숨겨진 보물지도, 삼청동 '0박0일'로 가야만 여행인가, 반나절이나 하루 동안 반짝 즐겨도 마음의 안정을 얻고 에너지를 충전했다면 그 또한 여행이다. ★ 그런 의미에서 삼청동은 꽤나 매력적인 장소이다. ★ 산 맑고 물 맑고 사람들의 인심이 맑다 하여 삼청三淸이라는 이곳은 주변 사적지와 지정 국보만 봐도 풍수지리상 매력 넘치는 곳인 게 분명하다. ★ 좁다란 길을 따라 시작되는 삼청동 산책길에는 잠깐 한눈을 팔아도 놓쳐버릴 보석 같은 곳들이 구석구석 숨어 있으니 어릴 적 보물찾기 하듯 꼼꼼하게 이리저리 둘러보자. ★ 특별한 계획이 없어도 카메라 한 대 달랑 들고 떠나기만 해도 무조건 이곳에 발길을 들이면 반짝반짝 빛나는 보석을 여기저기에서 발견하게 될 것이다.

1. **둔둔** 퓨전으로 즐기는 한식당 둔둔은 정갈한 음식은 기본이고 어머니가 차려주는 근사한 밥상만큼 푸짐하니 미식가들은 돌격 앞으로! **(이용시간.** 11:00~22:00 **| 위치.** 삼청동길 금융연수원 지나 감사원 방향으로 가지 말고 우측) 2. **커피앤와플** 최근 문을 연 이곳은 천장도 넓고 좌석도 많아 줄을 서서 기다리는 번거로움이 없는 데다가 눈으로 먹어도 배부른 패션 와플을 즐길 수 있다. **(이용시간.** 08:00~24:00 **| 위치.** 삼청동 눈나무집 맞은편) 3. **눈나무집** 일본에서 더 유명한 눈나무집에서는 떡갈비와 김치말이국수, 떡볶음을 싼 값에 즐길 수 있다. 한자로 설목헌雪木軒인 이 집의 히트작은 김치말이

국수다. 한 그릇에 5,000원으로 부담 없이 즐길 수 있으며 이미 알 만한 사람은 모두 알고 있을 만큼 입소문이 자자한 북촌의 명소다. (**이용시간.** 11:30~21:00 **｜ 위치.** 삼청동 길로 들어서서 금융연수원 지나 삼거리에서 직진 30미터 우측) **4. 쿡앤하임** 식당과 갤러리를 함께 운영하는 쿡앤하임 Cook'n Haim 은 한옥을 개조해 만들었다. 자연과 동화되어 있는 쿡앤하임에서 식사도 하고 갤러리도 보고 컨버전스 스타일로 휴식을 즐겨보자. (**이용시간.** 12:00~22:00 **｜ 위치.** 지하철 3호선 안국역 1번 출구에서 도보로 20분, 총리공관 맞은편) **5. 보세가게 스트리트** 쇼윈도만 봐도 쏙 빨려 들어갈 것 같은 보세가게. 포스트모던 스타일의 패션숍들이 점점 늘어가고 있어 스타일리시한 사람들이 많이 찾는다.

나이는 먹어도 늙지는 말자, 아이디어 톡톡! 신사동 잇 스트리트 　　이리 가나 저리 가나 어쨌든 손해 보지 않을 때 외치는 이 말은 신사동 가로수길에도 해당된다. 　★　오래전 화랑가가 밀집된 이 거리는 수입가구점과 갤러리, 앤티크숍, 인테리어 가게가 즐비하다가 최근 패션아트 거리로 급부상하면서 최고 인기를 누리는 명소가 되었다. 　★　준비하지 않아도, 스케줄을 따로 짜지 않아도 일단 가로수길 초입에 서면 그 길이 끝나기 직전까지 알토란 같은 재미와 흥분을 만끽하게 된다. 　★　크고 작은 소품상점을 비롯해 맛집, 멋집, 와인 바가 줄지어 있고 노천카페 혹은 창을 활짝 열어둔 곳들이 많아 시원하게 즐길 수 있다. 못 먹어도 고, 쓰리 고를 외쳐도 모자라는 신사동으로 가보자!

–

1. 북바인더스 디자인 Bookbinders Design 　스웨덴의 친환경 수공예 문구인 북바인더스는 컬러와 디자인으로 눈길과 발길을 모두 잡는다. 노트와 앨범, 캘린더, 다이어리 등 고급 문구의 참멋이 느껴진다. 누군가에게 특별한 선물을 주고 싶다면 각국의 위트 넘치는 문구 아이템과 23가지 컬러의 앨범·노트 등이 센스 만점 선물이 될 것이다. **(이용시간.** 주중 11:00~21:00, 일요일 12:00~22:00(연중무휴) **| 위치.** 지하철 3호선 신사역 8번 출구, 신사중학교 초입) 　**2. 라멘구루** '미치다, 경지에 오르다'라는 뜻인 '구루 Guru'를 붙인 라멘집. 일본 라멘 마니아라면 꼭 가보자. 부추가 가득 든 교자만두는 시원한 맥주와 함께 먹어도 별미다. 차슈와 매운 라멘, 돈코츠라멘…… 와! 여기가 일본이야, 서울이야? **(이용시간.** 11:30~21:30 **| 위치.** 지하철 3호선 신사역 8번 출구에서 도보로 5분, 신사동에서 압구정 쪽으로 가로수길을 쭉 가다가 커피 빈 가기 전에 'A Story' 조금 지나 세라 유치원 골목 안) 　**3. 불룸앤구떼** 꽃을 파는 화원이지만 푸드와 음료 메뉴까지 구비한 플라워 카페. 화사한 꽃만큼이나 활짝 핀 이곳은 세련되고 근사하다. **(이용시간.** 11:00~23:00 **| 위치.** 3호선 신사역 8번 출구) 　**4. 별** 별이라는 예쁜 이름답게 빈티지하게 꾸민 이 카페는 와플로 유명하다. 망고를 듬뿍 올린 와플로 비타민 C를 몸에 뿌려주자. 충전은 시간문제. **(이용시간.** 10:00~24:00 **| 위치.** 지하철 3호선 신사역 8번 출구, 가로수길 초입, 일요일 휴무) 　**5. 콰이19** Kuai19 　푸드스타일리스트가 운영하는 퓨전 중국집답게 소문난 맛집이다. 붉은 톤 인테리어 안에서 음식을 먹다보면 기운 센 천하장사가 될 것이다. **(이용시간.** 11:30~14:30_break 17:30~21:50 **| 위치.** 지하철 3호선 신사역 8번 출구, 신사동 가로수길 제이타워에서 현대고등학교 방향으로 300미터 직진 후 우측)

RAMEN GURU
ラーメングル

위치 ▶ 경기도 파주시 탄현면 헤이리. 3호선 대화역 1, 3번 출구에서 서울버스 200번

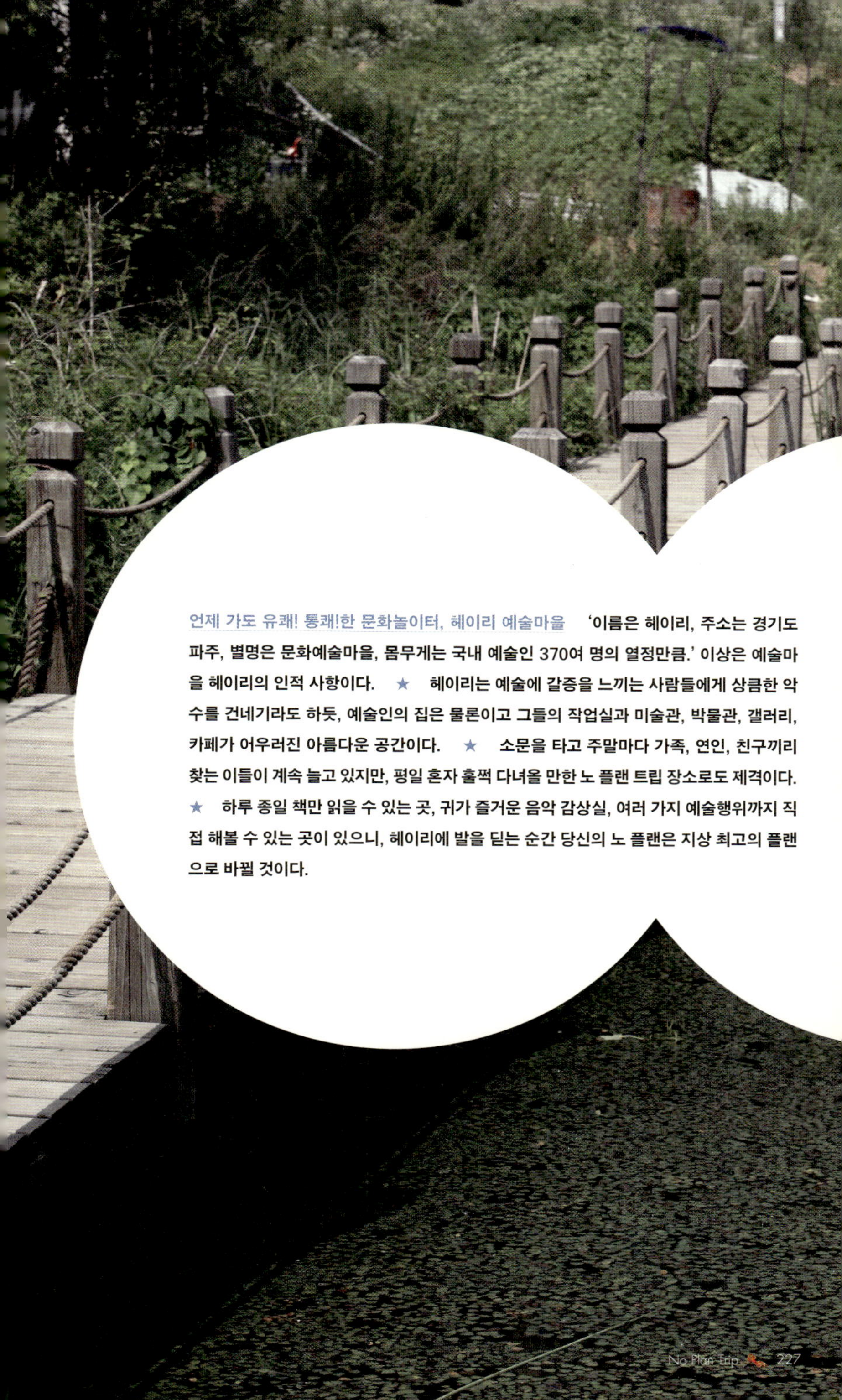

언제 가도 유쾌! 통쾌!한 문화놀이터, 헤이리 예술마을　'이름은 헤이리, 주소는 경기도 파주, 별명은 문화예술마을, 몸무게는 국내 예술인 370여 명의 열정만큼.' 이상은 예술마을 헤이리의 인적 사항이다.　★　헤이리는 예술에 갈증을 느끼는 사람들에게 상큼한 악수를 건네기라도 하듯, 예술인의 집은 물론이고 그들의 작업실과 미술관, 박물관, 갤러리, 카페가 어우러진 아름다운 공간이다.　★　소문을 타고 주말마다 가족, 연인, 친구끼리 찾는 이들이 계속 늘고 있지만, 평일 혼자 훌쩍 다녀올 만한 노 플랜 트립 장소로도 제격이다. ★　하루 종일 책만 읽을 수 있는 곳, 귀가 즐거운 음악 감상실, 여러 가지 예술행위까지 직접 해볼 수 있는 곳이 있으니, 헤이리에 발을 딛는 순간 당신의 노 플랜은 지상 최고의 플랜으로 바뀔 것이다.

K-SPACE

식물감각
Gallery & Restaurant

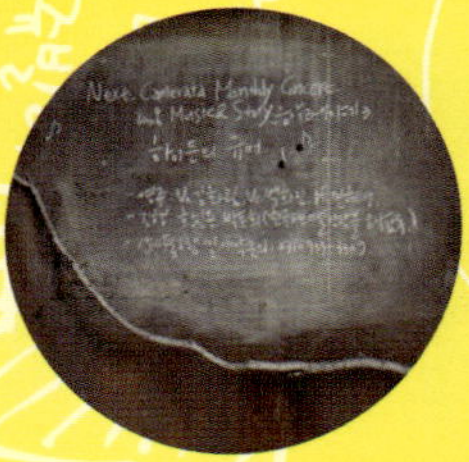

1. 카메라타 DJ계의 전설 황인용 씨가 운영한다. 고풍스러운 음악 감상실에서 진한 커피를 마시며 클래식 음악을 들으면 마음에 쌓인 무거운 짐을 모두 덜 수 있다. **(이용시간.** 11:00~22:00(월요일 휴무) ｜ **위치.** 경기도 파주시 헤이리 7번 게이트 진입) **2. 식물감각** 예술인은 무얼 먹고 살까? 근사한 와인과 함께 이탈리아 음식으로 디너파티를 하다보면 정답을 알게 된다. **(이용시간.** 11:00~20:30 _Last Order ｜ **위치.** 헤이리 1, 2번 게이트 진입) **3. 북하우스** 책이 빼곡한 서가에서 둘러싸여 책 냄새를 맡으며 독서에 빠져보자. **(이용시간.** 11:00~21:00 ｜ **위치.** 헤이리 3번 게이트 진입) · **북카페 반디 (이용시간.** 10:00~20:00 ｜ **위치.** 헤이리 1번 게이트 진입) **4. 딸기가 좋아** 딸기 캐릭터 모두모두 좋아. 토종캐릭터 딸기관에서 동심을 찾아보자. **(이용시간.** 10:30~17:00 ｜ **위치.** 헤이리 5번 게이트 진입) **5.** 자연에 폭 박힌 헤이리 구석구석을 뒤지면 눈과 귀와 입이 즐거운 재미난 일들이 마구 생긴다. **6. 크레타** 돈까스와 볶음밥의 진수를 맛볼 수 있는 곳이다. **(이용시간.** 12:00~21:00 ｜ **위치.** 헤이리 8번 게이트 진입) **7. 아티누스** 네버랜드 픽처북 뮤지엄에서 동심으로 돌아가 보자. **(이용시간** 11:00~22:00(월요일 휴무) ｜ **위치.** 헤이리 4번 게이트 진입)

SKETCH MAP

1. 카메라타
2. 식물감각
3. 북하우스
4. 딸기가 좋아
5. 크레타
6. 아티누스

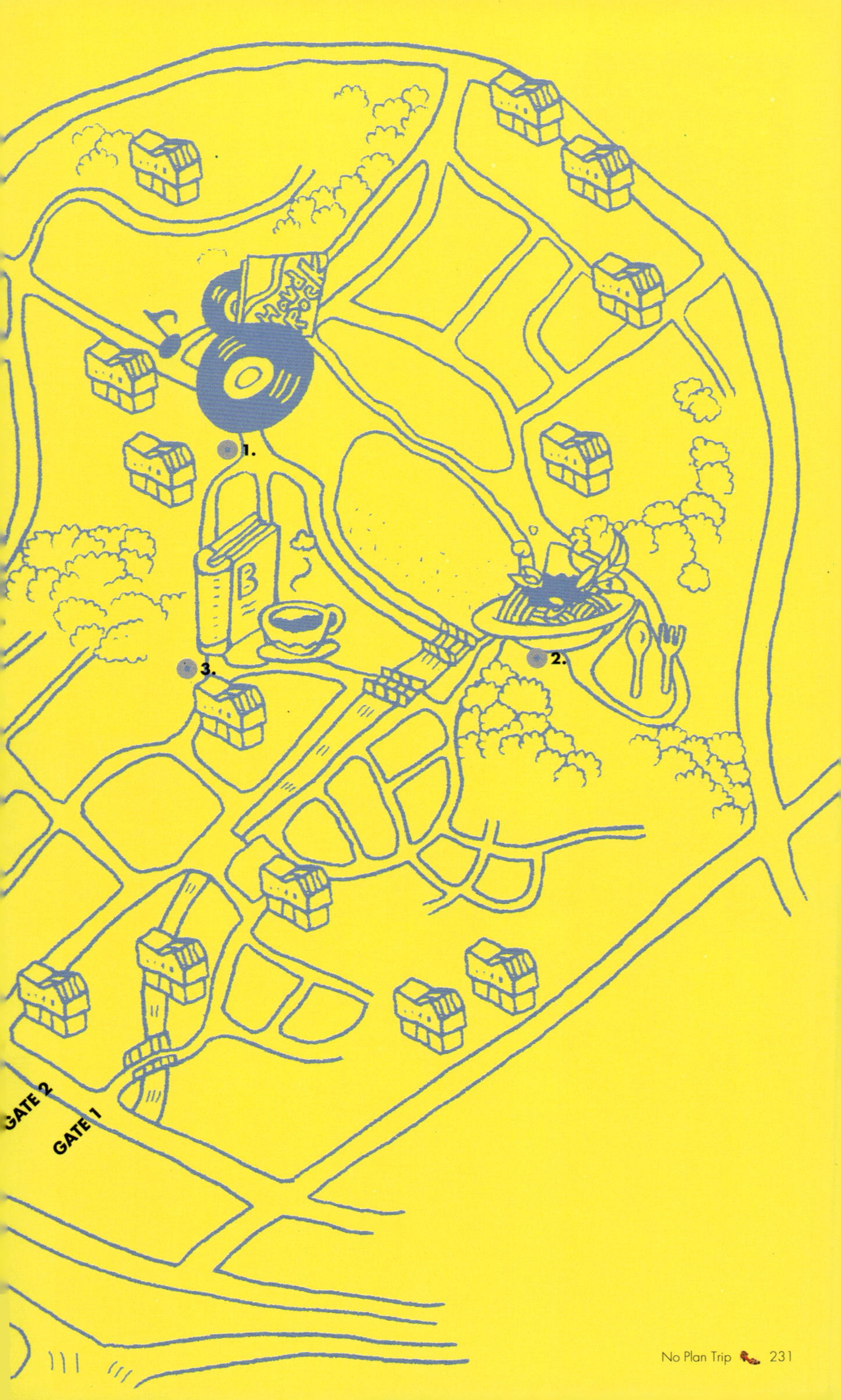

1.
2.
3.
GATE 2
GATE 1

뜨거운 열정과 젊음의 아지트, 인사동 쌈지길　　무계획 여행이 성공하기 가장 좋은 조건은 도심지여야 한다는 것이다. ★ 이 조건에 부합하는 곳이 바로 종로 한복판 에 있는 인사동이다. ★ 조선시대부터 미술활동의 중심지였고, 고미술 관련 상가와 골동품 거리로 형성되어 내국인은 물론 외국인에게도 유명한 곳이다. ★ 전통문화를 이어가는 젊은 세대와 결합하여 하루가 다르게 진화하면서 '쌈지길'이라는 새 얼굴을 중심으로 인파가 몰리고 있다. ★ 다락방 같은 작은 공간에서 공예, 디자인, 전통콘텐츠를 만들어 전시·판매하는 쌈지길은 구경하는 것만으로도 별천지에 온 기분이 든다. ★ 사계절 내내 다양한 이색 이벤트가 열려 하루라도 그냥 넘어가는 날이 없는 쌈지길을 아랫길부터 네오름길까지 오르고 나면 어느새 하루가 다 갈 것이다.

위치 ▶ 지하철 3호선 안국역 6번 출구, 1호선 종각역 3번 출구

1. 쌈지길을 돌어서며 네모난 하늘공간에서는 수시로 전시회가 열린다.   **2. 북카페 갈피** 커피와 머핀, 책이 있는 북카페로 가야미디어에서 운영한다. 창가에서 쌈지길을 굽어보며 책도 읽고 커피도 마실 수 있다. (**이용시간.** 11:00~21:00 │ **위치.** 인사동 쌈지길 4층)   **3.** 계절마다 컬러가 달라지는 쌈지길은 한번 가면 계속 가게 되는 중독성이 있으니 조심하라.   **4.** 인사동에서는 전통 떡을 먹어야 제맛이다. 구운 가래떡은 최고의 간식!

보스 디자인
천고당
포.아르
황규선 리빙 컬처
달링펄
상옥원
품
바다
아립
알개상회
스페셜핸즈
도로시삽
수공방
레드 클라우드
바비크리스텔
닭뚱집
1260#
손내옹기
예당 마띠엘
청주시 한국공예관
성다원
식탁
영남화랑
나니쇼
방
상회 용전
도한사
예가
람
집
사보땅
세르방
이결
더 햇
아원
예담 도예
메아리
나뭇골

네오름길
찻집 숨
하늘정원
오름길
ㅌ3
샘
서울시무형문화
상설전시
세오름길
소나기
까마
하늘·T
비울
아모라
신
아신
가배
쌈지길
쌈지시장
갤러리쌈
아랫길
두부마을
주자
쌈지
직원휴게
사우

매일매일 야근녀
인생인 당신,
잃어버린 젊음과
열정을 리셋하라!

문 닫기 싫어 얼어 죽고, 밥 씹기 싫어 굶어죽은 조상의 후예가 바로 귀차니스트다. 귀차니스트는 인터넷 신조어로, '귀찮다'에 '-ist'를 붙여 만사가 귀찮아 꼼짝하기 싫어하는 사람을 일컫는다. 이러한 질병을 '이따가이따가병'이라고 한다. 또 세 살 적 게으름이 여든 살까지 간다고, 일단 게으름이 시작되면 본인도 어쩌지 못하고 손가락 하나 까딱하기 싫어진다.

놀랍게도 귀찮음은 단지 게으른 것이 아니라 탈진증후군이 시작된다는 증거다. 탈진증후군은 일에 열중해 열정을 모두 쏟다보면 어느 한계점에 이르러 몸과 마음이 지쳐 결국 무기력하게 되고 우울증까지 겪는 병으로, '번아웃신드롬 Burnout Syndrome'이라고도 한다. 그러니 만사가 귀찮아지는 것은 5일 내내 야근으로 지친 당신의 몸이 보내는, 이제 잠깐 쉬면서 피로를 풀라는 몸의 신호다. 배터리가 나가면 새로 충전하듯, 스스로 충전시간을 체크해 일상에서 탈진되지 않게 해야 한다. ● 번아웃신드롬과 사촌지간인 '리셋증후군 Reset Syndrome' 또한 요주의 질병이다. 리셋증후군은 PC를 비롯한 온갖 전자 기계들이 제대로 작동하지 않아 스트레스를 받을 때 리셋 버튼 하나로 손쉽게 해결하는 것처럼, 우리 인생 또한 뜻대로 풀리지 않거나 스스로 불행하다고 여겨질 때 하드디스크를 포맷하듯 자신의 모든 것을 싹 지워버리고 싶어 하는 신종 질병이다. ● 뜻하지 않은 난관에 부딪혀 빼도 박도 못하고, 딜레마에 빠져서도 그것을 헤쳐 나가기보다 편리한 리셋 버튼 하나로 모든 것을 지워버리고 싶어 할 뿐 별다른 노력을 하지 않는 것은 아닌지? 가버린 사랑쯤은 델 키를 꾹 눌러 지우고, 가슴에 상처와 한이 많으면 포맷 한 번으로 새로운 가슴을 만들고, 실패의 쓴잔을 마신 후 지독한 우울증 바이러스에 감염되더라도 백신을 돌려 치료할 수 있다면 얼마나 좋을까. ● 그러나 그것은 순간적인 눈가림일 뿐 결국 문제의 중심에서 당신은 여전히 괴로워할 것이다. 속상하다고 소주만 병째 왕창 들이키면 정신 나간 몇 시간 동안이야 잊겠지만 숙취 후 몰려오는 감당키 쓰라린 고통으로 더 버겁고 힘든 경험을 한 사람이 어디 한둘이겠는가. 결국 인간의 능력으로는 리

셋이 불가능함에 좌절하고, 무기력하다고 느끼며, '나는 우울해'를 연발한다. 그러면 다크 서클은 턱 아래까지 고속으로 내달린다. ● 이럴 때 여행을 떠나라고 강력하게 권한다. 제한된 범위를 벗어나 몸과 마음을 재충전하기에 좋은 방법으로 여행만 한 것이 없다. 우울하거나 죽기보다 일이 싫거나 무기력하다면 당장 여행을 떠나자. 당신에게 더없이 충실한 리셋 버튼이 되어줄 것이다.

특별히 탈진한 당신을 고려한다면, **만사 귀찮아 놀러가는 것조차 싫은 당신에게 아무런 계획도 필요 없는 노 플랜 트립을 추천한다. 노 플랜 트립** no-plan trip **은, 단어 그대로 무작정 떠남에 의미를 두는 무계획의, 무계획에 의한, 무계획을 위한 여행이다.** 물론 결심한 순간부터 떠나기 직전까지 전 과정에서 여행의 참맛을 느낄 수 있다고도 하지만, 귀차니스트에게 그 또한 통하지 않으므로 패스! ● 노 플랜 트립은 어느 순간 전기가 찌릿 통하거나 무언가 가슴에 덜컥 내려앉거나 '음, 바로 지금이야!'라는 느낌이 올 때 바로 행동으로 실천하는 무모성에 큰 점수를 준다. 지금껏 여행하기 전에 꼼꼼하고 세세하게 준비했으니, 한번쯤은 그 어떤 준비도 하지 말고 과감하게 훌쩍 떠나보자. ● 그저 발길 닿는 곳으로, 마음 가는 곳으로, 유난히 시선 끌리는 곳으로 목적지를 정한다. 준비물은 여행경비와 목적지로 가는 티켓이 전부다. 이때 티켓은 비행기 티켓일 수도 있고, 남해로 가는 고속버스 티켓일 수도 있고, 강원도 산간으로 향하는 무궁화호 티켓일 수도 있다. 자전거나 스쿠터 열쇠가 티켓이 될 수도 있으니 무계획인 만큼 자유분방하게 몸으로 실천하면 만사 오케이다!

노 플랜 트립의 가장 큰 장점은 뭐니 뭐니 해도 한 치 앞도 내다보지 못하는 스릴과 과연 어떤 일이 벌어질까 하는 기대감이 있다는 것이다. 의도하지 않은 여정에서 드라마틱한 순간을 경험하고 난관까지 헤쳐 나오면 말로 표현할 수 없는 쾌감까지 느낄 수 있어 흥미진진해진다. 스케줄에 맞춰 계획을 잘 짜도 상상하지 못한 일이 벌어져 여행이 더 즐거워지게 마련인데, 하물며 주먹구구식으로 떠나는 여행이야 환상의 노 플랜 트립의 가장 큰 장점은 뭐니 뭐니 해도 한 치 앞도 내다보지 못하는 스릴과 과연 어떤 일이 벌어질까 하는 기대감이 있다는 것이다. 의도하지 않은 여정에서 드라마틱한 순간을 경험하고 난관까지 헤쳐 나오면 말로 표현할 수 없는 쾌감까지 느낄 수 있어 흥미진진해진다.

어드벤처 자체다. 어느 순간 열정 가득, 희망 가득 충전되어 다시 반짝반짝 빛나는 당신이 되어 있을 것이다! 반나절이어도 좋고, 하루도 좋고, 휴가 전체를 던져도 아깝지 않을 것이니 노 플랜 트립으로 현대인의 질병쯤은 걷어차 버리자. ● 영화 〈투스카니의 태양〉의 주인공은 엄청난 실의에 빠져 주저앉아 있다가 비행기 티켓 한 장만 들고 훌쩍 떠난다. 아름다운 이탈리아 투스카니로 향한 그녀는 전 재산을 털어 300년 된 집을 산 뒤 사람 냄새 물씬 나는 그 지방에 눌러앉아 새로운 인생을 펼친다. 대책 없어 보이던 그녀는 투스카니에서 인생의 제2막을 화려하게 올린 것이다. ● 이제 당신 차례다. 마음 가는 대로, 발길 가는 대로 일단 지르고 보자!

★ **이런 분들, 노 플랜 트립을 강추합니다!!!** ★

 뭐든 대충대충, 설렁설렁 구렁이 담 넘어가기 100단인 사람  비데 버튼도 누르기 싫어 일보고 그냥 나오는 사람 인생 모토가 '한 치 앞도 못 보는 게 우리네 인생'이라는 사람  왠지 무기력하고 사는 것이 무의미하게 느껴지는 사람

TRIP ★★★ PARTNER

완벽한 휴식을 위한 믿음직한 동반자, 노 플랜 트립 파트너

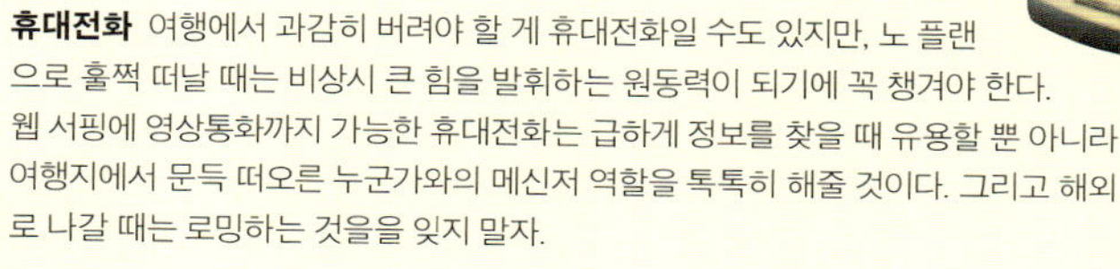

**디지털
여행 도우미!**

휴대전화 여행에서 과감히 버려야 할 게 휴대전화일 수도 있지만, 노 플랜으로 훌쩍 떠날 때는 비상시 큰 힘을 발휘하는 원동력이 되기에 꼭 챙겨야 한다. 웹 서핑에 영상통화까지 가능한 휴대전화는 급하게 정보를 찾을 때 유용할 뿐 아니라 여행지에서 문득 떠오른 누군가와의 메신저 역할을 톡톡히 해줄 것이다. 그리고 해외로 나갈 때는 로밍하는 것을을 잊지 말자.

**마음 내킬 때
언제든
떠나는 거야!**

심플 캐리어 여행 기분 제대로 나는 짐 싸기. 그러나 노 플랜 트립으로 떠나는 자에게 미리 가방 싸기는 통하지 않는다. 만사가 귀찮은 귀차니스트의 진수를 보여줄 비장의 무기인 캐리어나 트렁크를 가져가되 빈 채로! 그리고 여행지에서 필요한 것을 그때그때 채워나가는 것도 재미있지 않을까? 그도 아니면 언제나 마음이 당기면 바로 떠날 수 있게 작은 캐리어에 늘 떠날 수 있게 준비해두자. 연중 아무 때나 준비 이상 무!

**센스 있는
여행자들의
간지 아이템**

여권 케이스 어떤 이는 여권에 가득 찍힌 스탬프만 보고도 행복하고, 어떤 이는 백지처럼 깨끗한 여권이라도 언젠가 떠날 생각에 흐뭇하기만 하다. 자신의 개성을 표현할 수 있는 근사한 여권케이스에 소중한 여권을 살짝 끼워두는 센스야말로 여행 방랑자의 필수덕목이다.

**사지선다형
토이 카메라**

슈퍼샘플러. 계획에 없던 여행이라면, 어떻게 찍힐지도 모르는 깜찍하고 발랄한 토이 카메라 슈퍼샘플러를 파트너로 삼아라. 슈퍼샘플러는 긴 끈을 잡아당기고 셔터를 한 번 누르면 네 컷이 찍히는 상상을 초월하는 카메라이다. 액티브한 모습도 좋고, 주변에 스치는 모든 것도 좋고, 시간차 공격으로 스냅사진 네 컷을 담아보라.

**하이힐 신고
폼나는
여행!**

포멀 정장과 아찔한 하이힐 요즘에는 해외 유명 식당이나 바를 방문할 때 기본 드레스 코스가 정장인 곳이 많다. 후줄근한 면 티셔츠에 편한 카고 바지, 청바지만 가져갔다가 낭패를 볼 수 있으니 해외로 노 플랜 여행을 훌쩍 떠날 요량이면 요란한 여행 패션을 따로 준비할 필요 없이 출근 복장 그대로 떠나면 된다. 말끔하게 차려입은 정장과 구두, 아찔한 높이의 하이힐은 여행지에서도 당신의 존재감을 더욱더 빛나게 업그레이드시켜줄 것이다.

여자, 여행을
스타일링하다

초판 인쇄 | 2008년 11월 01일
초판 발행 | 2008년 11월 07일

지은이 | 정윤희
펴낸이 | 심만수
펴낸곳 | (주)살림출판사
출판등록 | 1989년 11월 1일 제9-210호

주소 | 413-756 경기도 파주시 교하읍 문발리 파주출판도시 522-2
전화 | 031)955-1350   기획·편집 | 031)955-4661
팩스 | 031)955-1355
이메일 | book@sallimbooks.com
홈페이지 | http://www.sallimbooks.com

ISBN 978-89-522-0987-0 13980

* 잘못된 책은 구입하신 서점에서 바꾸어 드립니다.
* 저자와의 협의에 의해 인지를 생략합니다.

책임편집·교정 : 김미경

값 12,000원